工伤预防科普丛书

《工伤预防五年行动计划（2021—2025 年）》解读

"工伤预防科普丛书"编委会 编

中国劳动社会保障出版社

图书在版编目（CIP）数据

《工伤预防五年行动计划（2021—2025年）》解读/"工伤预防科普丛书"编委会编. —— 北京：中国劳动社会保障出版社，2021

（工伤预防科普丛书）

ISBN 978-7-5167-5025-4

Ⅰ. ①工⋯ Ⅱ. ①工⋯ Ⅲ. ①工伤事故－事故预防－五年计划－中国－2021—2025 Ⅳ. ①X928.03

中国版本图书馆CIP数据核字（2021）第158913号

中国劳动社会保障出版社出版发行

（北京市惠新东街1号　邮政编码：100029）

*

三河市华骏印务包装有限公司印刷装订　　新华书店经销

880毫米×1230毫米　32开本　6.75印张　138千字

2021年8月第1版　2022年9月第3次印刷

定价：25.00元

读者服务部电话：（010）64929211/84209101/64921644

营销中心电话：（010）64962347

出版社网址：http://www.class.com.cn

版权专有　　侵权必究

如有印装差错，请与本社联系调换：（010）81211666

我社将与版权执法机关配合，大力打击盗印、销售和使用盗版图书活动，敬请广大读者协助举报，经查实将给予举报者奖励。

举报电话：（010）64954652

"工伤预防科普丛书"编委会

主　任：陈　刚
副主任：黄卫来　佟瑞鹏
委　员：孙树菡　赵玉军　张　军　李　辉　刘辉霞
　　　　周永安　安　宇　尘兴邦　杨校毅　杨雪松
　　　　范冰倩　孙宁昊　姚健庭　宫世吉　王思夏
　　　　刘兰亭　张　冉

内容简介

为了全面贯彻党的十九大和十九届二中、三中、四中、五中全会精神，坚持以人民为中心的发展思想，完善"预防、康复、补偿"三位一体制度体系，把工伤预防作为工伤保险优先事项，通过推进工伤预防工作，提升工伤预防意识，改善工作场所的劳动条件，防范重特大事故的发生，切实降低工伤事故发生率，促进经济社会持续健康发展，人力资源社会保障部、工业和信息化部、财政部、住房城乡建设部、交通运输部、国家卫生健康委员会、应急管理部、中华全国总工会联合印发了《工伤预防五年行动计划（2021—2025年）》，明确了九项工作任务，包括全面加强工伤预防宣传和深入推进工伤预防培训等内容。

本书紧扣社会保险、安全生产、职业病防治、工伤保险等各项法律法规、政策文件、行业规范等，针对《工伤预防五年行动计划（2021—2025年）》的总体要求、工作目标、主要任务、保障措施分别进行了详细解读，以帮助相关工伤预防管理部门和用人单位理解相关内容，落实工伤预防宣传培训工作，同时可作为广大职工群众增强工伤预防意识、提升安全生产素质的普及性学习读物。

前言

工伤预防是工伤保险制度体系的重要组成部分。做好工伤预防工作，开展工伤预防宣传和培训，有利于增强用人单位和职工的守法维权意识，从源头减少工伤事故和职业病的发生，保障职工生命安全和身体健康，减少经济损失，促进社会和谐稳定发展。

党和政府历来高度重视工伤预防工作。2009年以来，全国共开展了三次工伤预防试点工作，为推动工伤预防工作奠定了坚实基础。2017年，人力资源社会保障部等四部门印发《工伤预防费使用管理暂行办法》，对工伤预防费的使用和管理作出了具体的规定，使工伤预防工作进入了全面推进时期。2020年，人力资源社会保障部等八部门联合印发《工伤预防五年行动计划（2021—2025年）》（以下简称《五年行动计划》）。《五年行动计划》要求以习近平新时代中国特色社会主义思想为指导，全面贯彻党的十九大和十九届二中、三中、四中、五中全会精神，坚持以人民为中心的发展思想，完善"预防、康复、补偿"三位一体制度体系，把工伤预防作为工伤保险优先事项，通过推进工伤预防工作，提高工伤预防意识，改善工作场所的劳动条件，防范重特大事故的发生，切实降低工伤发生率，促进经济社会持续健康发展。《五年行动计划》同时明确了九项工作任务,其中包括全面加强工伤预防宣传和深入推进工伤预防培训等内容。

结合目前工伤保险发展现状,立足全面加强工伤预防宣传和深入推进工伤预防培训,我们组织编写了"工伤预防科普丛书"。本套丛书目前包括《〈工伤保险条例〉理解与适用》《〈工伤预防五年行动计划(2021—2025年)〉解读》《农民工工伤预防知识》《工伤预防基础知识》《工伤预防职业病防治知识》《工伤预防个体防护知识》《工伤预防应急救护知识》《建筑施工工伤预防知识》《矿山工伤预防知识》《化工危险化学品工伤预防知识》《机械加工工伤预防知识》《尘毒高危企业工伤预防知识》《交通与运输工伤预防知识》《冶金工伤预防知识》《火灾爆炸工伤预防知识》《有限空间作业工伤预防知识》《物流快递人员工伤预防知识》《网约工工伤预防知识》《公务员和事业单位人员工伤预防知识》《工伤事故典型案例》等分册。本套丛书图文并茂、生动活泼,力求以简洁、通俗易懂的文字普及工伤预防最新政策和科学技术知识,不断提升各行业职工群众的工伤预防意识和自我保护意识。

本套丛书在编写过程中,参阅并部分应用了相关资料与著作,在此对有关著作者和专家表示感谢。由于种种原因,图书可能会存在不当或错误之处,敬请广大读者不吝赐教,以便及时纠正。

"工伤预防科普丛书"编委会
2021年6月

目 录

1 总体要求 /1
　1.1 指导思想 /1
　1.2 工伤保险"三位一体"制度体系 /5
　1.3 工伤预防概述 /14

2 工作目标 /16
　2.1 重点行业及其工伤事故预防 /16
　2.2 工作场所职业病防治 /19
　2.3 工伤预防意识与能力提升 /29

3 主要任务 /38
　3.1 牢固树立预防优先的工作理念 /38
　3.2 建立完善工伤预防联防联控机制 /46
　3.3 瞄住盯紧工伤预防重点行业 /63
　3.4 全面加强工伤预防宣传 /72
　3.5 深入推进工伤预防培训 /84
　3.6 科学进行工伤保险费率浮动 /98
　3.7 大力开展互联网+工伤预防 /108
　3.8 积极推进工伤预防专业化、职业化建设 /119

3.9 切实加强对工伤预防工作的考核监督 /131

4 保障措施 /146

4.1 加强组织领导 /146

4.2 勇于创新发展 /166

4.3 强化经费保障 /185

4.4 建立长效机制 /197

附录：工伤预防五年行动计划（2021—2025 年）/204

工伤预防五年行动计划（2021—2025 年）

一、总体要求

以习近平新时代中国特色社会主义思想为指导，全面贯彻党的十九大和十九届二中、三中、四中、五中全会精神，坚持以人民为中心的发展思想，适应推进国家治理体系和治理能力现代化要求，完善"预防、康复、补偿"三位一体制度体系，把工伤预防作为工伤保险优先事项，采取一切适当的手段组织推进，切实提升工伤预防意识和能力，促进劳动者实现稳定就业，促进经济社会持续健康发展。

1 总体要求

1.1 指导思想

【相关条款】

以习近平新时代中国特色社会主义思想为指导，全面贯彻党的十九大和十九届二中、三中、四中、五中全会精神，坚持以人民为中心的发展思想。

【条款详解】

本条的主要内容是：明确坚持、贯彻、落实工伤预防指导思想的总体要求。

问题1：习近平新时代中国特色社会主义思想"八个明确"是什么？

"八个明确"是习近平新时代中国特色社会主义思想的核心内容，具体内容如下：

（1）明确坚持和发展中国特色社会主义，总任务是实现社会主义现代化和中华民族伟大复兴，在全面建成小康社会的基础上，分两步走在本世纪中叶建成富强民主文明和谐美丽的社会主义现代化强国；

（2）明确新时代我国社会主要矛盾是人民日益增长的美好生活需要和不平衡不充分的发展之间的矛盾，必须坚持以人民为中心的发展思想，不断促进人的全面发展、全体人民共同富裕；

（3）明确中国特色社会主义事业总体布局是"五位一体"、战略布局是"四个全面"，强调坚定道路自信、理论自信、制度自信、文化自信；

（4）明确全面深化改革总目标是完善和发展中国特色社会主义制度、推进国家治理体系和治理能力现代化；

（5）明确全面推进依法治国总目标是建设中国特色社会主义法治体系、建设社会主义法治国家；

（6）明确党在新时代的强军目标是建设一支听党指挥、能打胜仗、作风优良的人民军队，把人民军队建设成为世界一流军队；

（7）明确中国特色大国外交要推动构建新型国际关系，推动构建人类命运共同体；

（8）明确中国特色社会主义最本质的特征是中国共产党领导，

中国特色社会主义制度的最大优势是中国共产党领导,党是最高政治领导力量,提出新时代党的建设总要求,突出政治建设在党的建设中的重要地位。

问题 2:党的十九大精神中包含了哪些重要安全思想?

习近平总书记在《决胜全面建成小康社会 夺取新时代中国特色社会主义伟大胜利——在中国共产党第十九次全国代表大会上的报告》中指出:

(1)坚持总体国家安全观

统筹发展和安全,增强忧患意识,做到居安思危,是我们党治国理政的一个重大原则。必须坚持国家利益至上,以人民安全为宗旨,以政治安全为根本,统筹外部安全和内部安全、国土安全和国民安全、传统安全和非传统安全、自身安全和共同安全,完善国家安全制度体系,加强国家安全能力建设,坚决维护国家主权、安全、发展利益。

(2)加强社会保障体系建设

按照兜底线、织密网、建机制的要求,全面建成覆盖全民、城乡统筹、权责清晰、保障适度、可持续的多层次社会保障体系。全面实施全民参保计划。完善城镇职工基本养老保险和城乡居民基本养老保险制度,尽快实现养老保险全国统筹。完善统一的城乡居民基本医疗保险制度和大病保险制度。完善失业、工伤保险制度。建立全国统一的社会保险公共服务平台。统筹城乡社会救助体系,完善最低生活保障制度。坚持男女平等基本国策,保障妇女儿童合法权益。完善社会救助、社会福利、慈善事业、优抚安置等制度,健全农村留守儿童和妇女、老年人关爱服务体系。

发展残疾人事业,加强残疾康复服务。坚持房子是用来住的、不是用来炒的定位,加快建立多主体供给、多渠道保障、租购并举的住房制度,让全体人民住有所居。

(3)实施健康中国战略

人民健康是民族昌盛和国家富强的重要标志。要完善国民健康政策,为人民群众提供全方位全周期健康服务。深化医药卫生体制改革,全面建立中国特色基本医疗卫生制度、医疗保障制度和优质高效的医疗卫生服务体系,健全现代医院管理制度。加强基层医疗卫生服务体系和全科医生队伍建设。全面取消以药养医,健全药品供应保障制度。坚持预防为主,深入开展爱国卫生运动,倡导健康文明生活方式,预防控制重大疾病。实施食品安全战略,让人民吃得放心。坚持中西医并重,传承发展中医药事业。支持社会办医,发展健康产业。促进生育政策和相关经济社会政策配套衔接,加强人口发展战略研究。积极应对人口老龄化,构建养老、孝老、敬老政策体系和社会环境,推进医养结合,加快老龄事业和产业发展。

问题3:为什么要始终坚持以人民为中心的发展思想?

习近平总书记在《决胜全面建成小康社会 夺取新时代中国特色社会主义伟大胜利——在中国共产党第十九次全国代表大会上的报告》中指出:坚持以人民为中心。人民是历史的创造者,是决定党和国家前途命运的根本力量。必须坚持人民主体地位,坚持立党为公、执政为民,践行全心全意为人民服务的根本宗旨,把党的群众路线贯彻到治国理政全部活动之中,把人民对美好生活的向往作为奋斗目标,依靠人民创造历史伟业。

《中华人民共和国安全生产法》(以下简称《安全生产法》)第三条第二款规定,安全生产工作应当以人为本,坚持人民至上、生命至上,把保护人民生命安全摆在首位,树牢安全发展理念,坚持安全第一、预防为主、综合治理的方针,从源头上防范化解重大安全风险。

第四条第一款规定,生产经营单位必须遵守本法和其他有关安全生产的法律、法规,加强安全生产管理,建立健全全员安全生产责任制和安全生产规章制度,加大对安全生产资金、物资、技术、人员的投入保障力度,改善安全生产条件,加强安全生产标准化、信息化建设,构建安全风险分级管控和隐患排查双重预防机制,健全风险防范化解机制,提高安全生产水平,确保安全生产。

1.2 工伤保险"三位一体"制度体系

【相关条款】

适应推进工作要求,完善"预防、康复、补偿"三位一体制度体系。

【条款详解】

本条的主要内容是:明确从工伤预防、工伤康复、工伤补偿三方面坚持完善工伤保险"三位一体"制度体系的总体要求。

问题1:工伤预防试点工作是如何做的?

做好扩大工伤预防工作,有利于从源头上减少工伤事故的发生,从根本上保障职工生命安全和身体健康,体现以人为本的执政理念；有利于增强用人单位和职工的守法维权意识，促进各项工伤保险政策及安全生产措施的落实；有利于进一步完善细化工伤预防项目的操作流程和管理规范，维护工伤保险基金安全，提高基金使用效率。

《人力资源社会保障部关于进一步做好工伤预防试点工作的通知》（人社部发〔2013〕32号）中对进一步推动工伤预防工作的开展作出要求。

（1）扩大试点目标和工作原则

1）试点目标。探索建立科学、规范的工伤预防工作模式，为在全国范围内开展工伤预防工作积累经验，完善我国工伤预防制度体系。

2）工作原则：

①审慎稳妥，逐步推开。工伤预防工作政策性强，管理复杂，要按照审慎稳妥的原则先选择一些具备条件的城市（设区的市，以下简称试点城市）试点，待取得经验、条件成熟后再逐步推开。

②政府主导，专业运作。在确定项目、编制方案、选择项目实施的组织等工作中，社会保险行政部门要发挥政府主导作用；项目的具体实施要由相应的社会、经济组织负责，实现项目的专业化运作，提高项目实施的质量和水平。

③规范管理，确保安全。试点城市要严格按照《工伤保险条例》的规定和试点工作通知要求，明确流程，规范管理，加强监督，确保基金使用安全。

（2）工作要求

1）实行项目管理。试点城市可通过电视、广播、报纸、网络、手机等媒体，通过印发宣传画、手册、标语等方式开展工伤预防宣传；通过举办培训班、专题讲座等方式开展工伤预防培训。宣传、培训工作的开展要实行项目预算管理，严禁直接提取预防费用。

2）突出工作重点。试点城市应将工伤事故及职业病发生率高的重点行业、重点企业、重点岗位、重点人员优先作为宣传、培训对象，注重宣传、培训实效。

3）规范工作程序。试点城市社会保险行政部门应按规定，组织落实项目的确定、方案编制、政府采购、实施、验收、评估等工作，进一步细化各环节工作流程，确保试点工作规范、有序开展。

4）严格费用支付。对确定实施的工伤预防宣传、培训项目，由统筹地区社会保险经办机构根据合同规定，先支付30%的费用。项目完成，经社会保险行政部门组织验收合格后，再由社会保险经办机构支付余款。具体程序按社会保险基金财务制度和工伤保险经办业务管理规定支出。

问题2：如何做好工伤康复工作？

工伤康复包括工伤医疗康复和工伤职业康复。工伤医疗康复是指运用各种临床诊疗和康复治疗的手段，改善和提高工伤职工的身体功能和生活自理能力的过程。工伤职业康复是指通过职业康复评估与专业技能学习和训练，使工伤残疾职工恢复并达到一定劳动能力的过程。

《工伤保险条例》第三十条规定，职工因工作遭受事故伤害或者患职业病进行治疗，享受工伤医疗待遇。职工治疗工伤应当在签订服务协议的医疗机构就医,情况紧急时可以先到就近的医疗机构急救。治疗工伤所需费用符合工伤保险诊疗项目目录、工伤保险药品目录、工伤保险住院服务标准的,从工伤保险基金支付。工伤保险诊疗项目目录、工伤保险药品目录、工伤保险住院服务标准,由国务院社会保险行政部门会同国务院卫生行政部门、食品药品监督管理部门等部门规定。职工住院治疗工伤的伙食补助费,以及经医疗机构出具证明,报经办机构同意,工伤职工到统筹地区以外就医所需的交通、食宿费用从工伤保险基金支付,基金支付的具体标准由统筹地区人民政府规定。工伤职工治疗非工伤引发的疾病,不享受工伤医疗待遇,按照基本医疗保险办法处理。工伤职工到签订服务协议的医疗机构进行工伤康复的费用,符合规定的,从工伤保险基金支付。

第三十二条规定,工伤职工因日常生活或者就业需要,经劳动能力鉴定委员会确认,可以安装假肢、矫形器、假眼、假牙和配置轮椅等辅助器具,所需费用按照国家规定的标准从工伤保险基金支付。

《工伤保险辅助器具配置管理办法》(2016年2月16日人力资源社会保障部、民政部、国家卫生和计划生育委员会令第27号)第二条规定,工伤职工因日常生活或者就业需要,经劳动能力鉴定委员会确认,配置假肢、矫形器、假眼、假牙和轮椅等辅助器具的,适用本办法。

第三条规定,人力资源社会保障行政部门负责工伤保险辅助器具配置的监督管理工作。民政、卫生计生(现为卫生健康主管部门,下同)等行政部门在各自职责范围内负责工伤保险辅助器具配置的有关监督管理工作。社会保险经办机构负责对申请承担工伤保险辅助器具配置服务的辅助器具装配机构和医疗机构进行协议管理,并按照规定核付配置费用。

第六条规定,人力资源社会保障部根据社会经济发展水平、工伤职工日常生活和就业需要等,组织制定国家工伤保险辅助器具配置目录,确定配置项目、适用范围、最低使用年限等内容,并适时调整。省、自治区、直辖市人力资源社会保障行政部门可以结合本地区实际,在国家目录确定的配置项目基础上,制定省级工伤保险辅助器具配置目录,适当增加辅助器具配置项目,并确定本地区辅助器具配置最高支付限额等具体标准。

《人力资源社会保障部关于印发〈工伤康复服务项目(试行)〉和〈工伤康复服务规范(试行)〉(修订版)的通知》(人社部发〔2013〕30号)中对规范和加强工伤康复管理工作作出以下相关规定:

(1)《工伤康复服务项目(试行)》(以下简称《服务项目》)和《工伤康复服务规范(试行)》(以下简称《服务规范》)既是工伤康复试点机构开展工伤康复服务的业务指南和工作规程,也是工伤保险行政管理部门、社会保险经办机构和劳动能力鉴定机构进行工伤康复监督管理的重要依据。工伤保险行政管理部门和经办机构要密切配合,积极协调有关方面,特别是结合贯彻《国家发展改革委、卫生部、国家中医药管理局关于规范医疗服务价格管理及有关问题的通知》(发改价格〔2012〕1170号),认真做好《服务项目》和《服务规范》的实施工作。

(2)《服务项目》和《服务规范》的使用范围仅限于在各地确

定的工伤康复协议机构进行康复的工伤人员。工伤职工康复期间必需使用的中医治疗、康复类项目按本地《工伤保险诊疗项目目录》的规定执行。

（3）对《服务项目》中列入价格项目规范的康复项目，各地要严格执行发改价格〔2012〕1170号文件相关规定；未列入价格项目规范的康复项目，各地要按照有关规定，积极与当地价格主管部门协商，争取支持。未经批准或同意的医疗康复服务项目暂不开展。

（4）各地要加强管理，制定切实可行的康复管理办法和评估办法，细化与康复机构签订的协议内容，探索工伤康复费用结算方式，确保基金支付合法、合理、安全。

问题3：如何做好工伤补偿工作？

《工伤保险条例》第一条规定，为了保障因工作遭受事故伤害或者患职业病的职工获得医疗救治和经济补偿，促进工伤预防和职业康复，分散用人单位的工伤风险，制定本条例。

第三十五条规定，职工因工致残被鉴定为一级至四级伤残的，保留劳动关系，退出工作岗位，享受以下待遇：

（1）从工伤保险基金按伤残等级支付一次性伤残补助金，标准为：一级伤残为27个月的本人工资，二级伤残为25个月的本人工资，三级伤残为23个月的本人工资，四级伤残为21个月的本人工资。

（2）从工伤保险基金按月支付伤残津贴，标准为：一级伤残为本人工资的90%，二级伤残为本人工资的85%，三级伤残为本人工资的80%，四级伤残为本人工资的75%。伤残津贴实际金额低于当地最低工资标准的，由工伤保险基金补足差额。

（3）工伤职工达到退休年龄并办理退休手续后，停发伤残津贴，按照国家有关规定享受基本养老保险待遇。基本养老保险待遇低于伤残津贴的，由工伤保险基金补足差额。职工因工致残被鉴定为一级至四级伤残的，由用人单位和职工个人以伤残津贴为基数，缴纳基本医疗保险费。

第三十六条规定，职工因工致残被鉴定为五级、六级伤残的，享受以下待遇：

（1）从工伤保险基金按伤残等级支付一次性伤残补助金，标准为：五级伤残为18个月的本人工资，六级伤残为16个月的本人工资。

（2）保留与用人单位的劳动关系，由用人单位安排适当工作。难以安排工作的，由用人单位按月发给伤残津贴，标准为：五级伤残为本人工资的70%，六级伤残为本人工资的60%，并由用人单位按照规定为其缴纳应缴纳的各项社会保险费。伤残津贴实际金额低于当地最低工资标准的，由用人单位补足差额。经工伤职工本人提出，该职工可以与用人单位解除或者终止劳动关系，由工伤保险基金支付一次性工伤医疗补助金，由用人单位支付一次性伤残就业补助金。一次性工伤医疗补助金和一次性伤残就业补助金的具体标准由省、自治区、直辖市人民政府规定。

第三十七条规定，职工因工致残被鉴定为七级至十级伤残的，享受以下待遇：

（1）从工伤保险基金按伤残等级支付一次性伤残补助金，标准为：七级伤残为13个月的本人工资，八级伤残为11个月的本人工资，九级伤残为9个月的本人工资，十级伤残为7个月的本人工资。

（2）劳动、聘用合同期满终止，或者职工本人提出解除劳动、聘用合同的，由工伤保险基金支付一次性工伤医疗补助金，由用人单位支付一次性伤残就业补助金。一次性工伤医疗补助金和一次性伤残就业补助金的具体标准由省、自治区、直辖市人民政府规定。

第三十九条规定，职工因工死亡，其近亲属按照下列规定从工伤保险基金领取丧葬补助金、供养亲属抚恤金和一次性工亡补助金：

（1）丧葬补助金为6个月的统筹地区上年度职工月平均工资。

（2）供养亲属抚恤金按照职工本人工资的一定比例发给由因工死亡职工生前提供主要生活来源、无劳动能力的亲属。标准为：配偶每月40%，其他亲属每人每月30%，孤寡老人或者孤儿每人每月在上述标准的基础上增加10%。核定的各供养亲属的抚恤金之和不应高于因工死亡职工生前的工资。供养亲属的具体范围由国务院社会保险行政部门规定。

（3）一次性工亡补助金标准为上一年度全国城镇居民人均可支配收入的20倍。

伤残职工在停工留薪期内因工伤导致死亡的，其近亲属享受本条第一款规定的待遇。一级至四级伤残职工在停工留薪期满后死亡的，其近亲属可以享受本条第一款第（1）项、第（2）项规定的待遇。

第四十条规定，伤残津贴、供养亲属抚恤金、生活护理费由统筹地区社会保险行政部门根据职工平均工资和生活费用变化等情况适时调整。调整办法由省、自治区、直辖市人民政府规定。

第四十一条规定，职工因工外出期间发生事故或者在抢险救灾中下落不明的，从事故发生当月起3个月内照发工资，从第4个月起停发工资，由工伤保险基金向其供养亲属按月支付供养亲属抚恤金。生活有困难的，可以预支一次性工亡补助金的50%。职工被人民法院宣告死亡的，按照本条例第三十九条职工因工死亡的规定处理。

第四十五条规定，职工再次发生工伤，根据规定应当享受伤残津贴的，按照新认定的伤残等级享受伤残津贴待遇。

小资料

工伤预防、工伤康复、工伤补偿"三位一体"是我国工伤保险制度体系的发展目标，必须坚持统筹协调发展。党的十八大以来，工伤预防试点工作扩大到了30个省份的54个统筹地区，通过项目预算管理和政府采购的方式，充分发挥第三方社会经济组织的作用，进一步做好工伤预防宣传、培训等工作，对提高试点地区工伤保险的社会知晓率、增强用人单位和职工的工伤风险防范意识起到了积极的促进作用。试点经验为研究起草《工伤预防费使用管理暂行办法》、全面推进工伤预防工作打下了基础。工伤康复试点工作稳步推进，出台了《工伤保险职业康复操作规范（试行）》（人社部发〔2014〕88号）等规范性文件，标准进一步完善。2015年，

《工伤预防五年行动计划（2021—2025年）》解读

按照社会保障"十二五"规划纲要的要求，制定出台《区域性工伤康复示范平台标准（试行）》，遴选确定第一批4家区域性工伤康复示范平台，使工伤康复服务体系建设又迈出了坚实的一步。同时，各地结合实际，大胆探索，开展了各具特色的工伤康复工作。

1.3 工伤预防概述

【相关条款】

把工伤预防作为工伤保险优先事项，采取一切适当的手段组织推进，切实提升工伤预防意识和能力，促进劳动者实现稳定就业，促进经济社会持续健康发展。

【条款详解】

本条的主要内容是：明确优先做好工伤预防，推进工伤预防工作，提升工伤预防意识和能力，保障劳动者安全，促进社会健康稳定发展的总体要求。

问题：为什么要优先做好工伤预防？

工伤预防是建立健全工伤预防、工伤康复和工伤补偿"三位一体"工伤保险制度的重要内容，是指事先防范职业伤亡事故以及职业病的发生，减少职业伤亡事故及职业病的隐患，改善和创造有利于健康的、安全的生产环境和工作条件，保护职工生产、工作环境中的安全和健康。工伤预防的措施主要包括工程技术措施、教育措施和管理措施。

当前国际上，现代工伤保险制度已经把事故预防放在优先位置。我国修改后的《工伤保险条例》也把工伤预防定为工伤保险三大任务之一，从而逐步改变了过去重补偿、轻预防的模式。因此，那种"工伤有保险，出事有人赔，只管干活挣钱"的说法，显然是错误的。工伤补偿是发生职业伤害后的救助措施，不能挽回失去的生命和复原残疾的身体。职工只有加强安全生产，才能保障自身的安全；只有做好工伤预防，才能保障自身的健康。生命安全和身体健康才是职工的最大利益，用人单位和职工要永远共同坚持安全第一、预防为主、综合治理的方针。

 小知识

职工在劳动保护和工伤保险方面的权利与义务是基本一致的。在劳动关系中，获得劳动保护是职工的基本权利，工伤保险又是其劳动保护权利的延续。职工有权获得保障其安全和健康的劳动条件，同时也有义务严格遵守安全操作规程，遵章守纪，预防职业伤害事故的发生。

> **工伤预防五年行动计划（2021—2025 年）**
>
> 二、工作目标
>
> ——工伤事故发生率明显下降，重点行业 5 年降低 20% 左右；
>
> ——工作场所劳动条件不断改善，切实降低尘肺病等职业病的发生率；
>
> ——工伤预防意识和能力明显提升，实现从"要我预防"到"我要预防""我会预防"的转变。

❷ 工作目标

2.1 重点行业及其工伤事故预防

【相关条款】

工伤事故发生率明显下降，重点行业 5 年降低 20% 左右。

【条款详解】

本条的主要内容是：明确降低工伤事故发生率，尤其是降低重点行业工伤事故发生率的工作目标。

问题 1：易发工伤事故的重点行业有哪些？

《五年行动计划》指出，各地要加强对工伤预防相关数据的分析,定期研究本地区工伤事故和职业病危害的现状及变化情况,研究确定工伤预防重点领域,依法确定重点项目。本期计划主要围绕工伤事故和职业病高发的危险化学品、矿山、建筑施工、交通运输、机械制造等重点行业企业开展。各地可结合实际明确本地区重点行业、重点领域。

问题2：从工伤预防和工伤保险的角度如何预防工伤事故?

(1) 做好工伤预防试点工作

《人力资源社会保障部关于进一步做好工伤预防试点工作的通知》(人社部发〔2013〕32号)中指出:

1) 工伤预防是工伤保险"三位一体"制度体系的重要组成部分。做好扩大工伤预防试点工作,有利于从源头上减少工伤事故的发生,从根本上保障职工生命安全和身体健康,体现以人为本的执政理念；有利于增强用人单位和职工的守法维权意识,促进各项工伤保险政策及安全生产措施的落实；有利于进一步完善细化工伤预防项目的操作流程和管理规范,维护工伤保险基金安全,提高基金使用效率。

2) 突出工作重点。试点城市应将工伤事故及职业病发生率高的重点行业、重点企业、重点岗位、重点人员优先作为宣传、培训对象,注重宣传、培训实效。

(2) 依法缴纳工伤保险

工伤事故是很难完全避免的,只有为每一位职工缴纳工伤保险,才能在发生工伤事故后将用人单位及职工的损失降到最低。

《工伤保险条例》第二条规定,中华人民共和国境内的企业、事业单位、社会团体、民办非企业单位、基金会、律师事务所、会计师事务所等组织和有雇工的个体工商户（以下称用人单位）应当依照本条例规定参加工伤保险，为本单位全部职工或者雇工（以下称职工）缴纳工伤保险费。中华人民共和国境内的企业、事业单位、社会团体、民办非企业单位、基金会、律师事务所、会计师事务所等组织的职工和个体工商户的雇工，均有依照本条例的规定享受工伤保险待遇的权利。

第四条规定，用人单位应当将参加工伤保险的有关情况在本单位内公示。用人单位和职工应当遵守有关安全生产和职业病防治的法律法规，执行安全卫生规程和标准，预防工伤事故发生，避免和减少职业病危害。职工发生工伤时，用人单位应当采取措施使工伤职工得到及时救治。

📖 小资料

> 据全国建筑施工伤亡事故分析，高处坠落占建筑业死亡总数的53.10%，坍塌占14.43%，物体打击占10.57%，机械伤害占9.82%，触电占7.18%，这五类事故占95%以上。
>
> 2019年建筑、煤矿、交通、化工四大行业发生事故起数分别为773、170、247 646、164起，造成死亡人数分别为904、316、62 763、274人。

2 工作目标

 小提示

> 《安全生产法》第七十九条第一款规定,国家加强生产安全事故应急能力建设,在重点行业、领域建立应急救援基地和应急救援队伍,并由国家安全生产应急救援机构统一协调指挥;鼓励生产经营单位和其他社会力量建立应急救援队伍,配备相应的应急救援装备和物资,提高应急救援的专业化水平。

2.2 工作场所职业病防治

【相关条款】

工作场所劳动条件不断改善,切实降低尘肺病等职业病的发生率。

【条款详解】

本条的主要内容是:明确工作场所改善劳动条件、加强职业病防治的工作目标。

问题1:工作场所的劳动条件应满足哪些安全要求?

工作场所的劳动条件必须满足国家相关法律法规要求,在满足法律法规要求的基础上,用人单位应设置相关规章制度,改善劳动条件,确保安全生产工作正常进行。

《中华人民共和国职业病防治法》(以下简称《职业病防治法》)第十五条规定,产生职业病危害的用人单位的设立除应当符合法律、行政法规规定的设立条件外，其工作场所还应当符合下列职业卫生要求：

（1）职业病危害因素的强度或者浓度符合国家职业卫生标准；

（2）有与职业病危害防护相适应的设施；

（3）生产布局合理，符合有害与无害作业分开的原则；

（4）有配套的更衣间、洗浴间、孕妇休息间等卫生设施；

（5）设备、工具、用具等设施符合保护劳动者生理、心理健康的要求；

（6）法律、行政法规和国务院卫生行政部门关于保护劳动者健康的其他要求。

第二十五条规定，对可能发生急性职业损伤的有毒、有害工作场所，用人单位应当设置报警装置，配置现场急救用品、冲洗设备、应急撤离通道和必要的泄险区。对放射工作场所和放射性同位素的运输、贮存，用人单位必须配置防护设备和报警装置，保证接触放射线的工作人员佩戴个人剂量计。对职业病防护设备、应急救援设施和个人使用的职业病防护用品，用人单位应当进行经常性的维护、检修，定期检测其性能和效果，确保其处于正常状态，不得擅自拆除或者停止使用。

问题2：工作场所的劳动条件不满足安全生产要求时应如何处理？

工作场所的劳动条件不满足安全生产要求时，应依法依规处理。

《中华人民共和国劳动合同法》（以下简称《劳动合同法》）第十八条规定，劳动合同对劳动报酬和劳动条件等标准约定不明确，引发争议的，用人单位与劳动者可以重新协商；协商不成的，适用集体合同规定；没有集体合同或者集体合同未规定劳动报酬的，实行同工同酬；没有集体合同或者集体合同未规定劳动条件等标准的，适用国家有关规定。

第三十二条规定，劳动者拒绝用人单位管理人员违章指挥、强令冒险作业的，不视为违反劳动合同。劳动者对危害生命安全和身体健康的劳动条件，有权对用人单位提出批评、检举和控告。

问题 3：工作场所职业病防治的原则是什么？

预防职业病危害应遵循以下三级预防原则：

（1）一级预防

从根本上使劳动者不接触职业病危害因素，如改变工艺，改进生产过程，确定容许接触量或接触水平，使生产过程达到安全标准，对人群中的易感者根据职业禁忌证避免有关人员进入职业禁忌岗位。

（2）二级预防

在一级预防达不到要求、职业病危害因素已开始损伤劳动者的健康时，应及时发现，采取补救措施，主要工作是进行职业危害及健康的早期检测与及时处理，防止其进一步发展。

（3）三级预防

对已患职业病者，应作出正确诊断，及时处理，包括及时脱离接触进行治疗、防止恶化和并发症，使其恢复健康。

问题 4：用人单位应如何加强工作场所职业病防治？

《职业病防治法》第五条规定，用人单位应当建立、健全职业病防治责任制，加强对职业病防治的管理，提高职业病防治水平，对本单位产生的职业病危害承担责任。

第二十条规定，用人单位应当采取下列职业病防治管理措施：

（1）设置或者指定职业卫生管理机构或者组织，配备专职或者兼职的职业卫生管理人员，负责本单位的职业病防治工作；

（2）制定职业病防治计划和实施方案；

（3）建立、健全职业卫生管理制度和操作规程；

（4）建立、健全职业卫生档案和劳动者健康监护档案；

（5）建立、健全工作场所职业病危害因素监测及评价制度；

（6）建立、健全职业病危害事故应急救援预案。

第二十四条规定，产生职业病危害的用人单位，应当在醒目位置设置公告栏，公布有关职业病防治的规章制度、操作规程、职业病危害事故应急救援措施和工作场所职业病危害因素检测结果。对产生严重职业病危害的作业岗位，应当在其醒目位置，设置警示标识和中文警示说明。警示说明应当载明产生职业病危害的种类、后果、预防以及应急救治措施等内容。

第三十四条规定，用人单位的主要负责人和职业卫生管理人员应当接受职业卫生培训，遵守职业病防治法律、法规，依法组织本单位的职业病防治工作。用人单位应当对劳动者进行上岗前的职业卫生培训和在岗期间的定期职业卫生培训，普及职业卫生知识，督促劳动者遵守职业病防治法律、法规、规章和操作规程，指导劳动者正确使用职业病防护设备和个人使用的职业病防护用品。劳动者应当学习和掌握相关的职业卫生知识，增强职业病防范意识，遵守职业病防治法律、法规、规章和操作规程，正确使用、维护职业病防护设备和个人使用的职业病防护用品，发现职业病危害事故隐患应当及时报告。劳动者不履行上述规定义务的，用人单位应当对其进行教育。

第三十五条规定，对从事接触职业病危害的作业的劳动者，用人单位应当按照国务院卫生行政部门的规定组织上岗前、在岗期间和离岗时的职业健康检查，并将检查结果书面告知劳动者。职业健康检查费用由用人单位承担。用人单位不得安排未经上岗前职业健康检查的劳动者从事接触职业病危害的作业；不得安排有职业禁忌的劳动者从事其所禁忌的作业；对在职业健康检查中发现有与所从事的职业相关的健康损害的劳动者，应当调离原工作岗位，并妥善安置；对未进行离岗前职业健康检查的劳动者不得解除或者终止与其订立的劳动合同。职业健康检查应当由取得《医疗机构执业许可证》的医疗卫生机构承担。卫生行政部门应当加强对职业健康检查工作的规范管理，具体办法由国务院卫生行政部门制定。

问题5：劳动者享有哪些工作场所职业卫生保护权利？

《职业病防治法》第四条规定，劳动者依法享有职业卫生保护的权利。用人单位应当为劳动者创造符合国家职业卫生标准和卫生要求的工作环境和条件，并采取措施保障劳动者获得职业卫生保护。工会组织依法对职业病防治工作进行监督，维护劳动者的合法权益。用人单位制定或者修改有关职业病防治的规章制度，应当听取工会组织的意见。

第三十九条规定，劳动者享有下列职业卫生保护权利：

（1）获得职业卫生教育、培训；

（2）获得职业健康检查、职业病诊疗、康复等职业病防治服务；

（3）了解工作场所产生或者可能产生的职业病危害因素、危害后果和应当采取的职业病防护措施；

（4）要求用人单位提供符合防治职业病要求的职业病防护设施和个人使用的职业病防护用品，改善工作条件；

（5）对违反职业病防治法律、法规以及危及生命健康的行为提出批评、检举和控告；

（6）拒绝违章指挥和强令进行没有职业病防护措施的作业；

（7）参与用人单位职业卫生工作的民主管理，对职业病防治工作提出意见和建议。

用人单位应当保障劳动者行使前款所列权利。因劳动者依法行使正当权利而降低其工资、福利等待遇或者解除、终止与其订立的劳动合同的，其行为无效。

 小资料

资料1：职业健康检查

《关于印发加强农民工尘肺病防治工作的意见的通知》（国卫疾控发〔2016〕2号）中的第二条明确提出，要大力推进农民工职业健康检查工作：用人单位要为农民工建立个人职业健康监护档案，依法对农民工进行上岗前、在岗期间和离岗时职业健康检查，书面告知检查结果，并为离开本单位的农民工提供档案复印件。不得安排未经上岗前职业健康检查或有职业禁忌的农民工从事粉尘作业，在岗期间职业健康检查发现有职业健康禁忌的，应当调离有健康损害的工作岗位。对疑似尘肺病农民工应当及时安排进行诊断，离岗前未进行职业健康检查的农民工不得与其解除或终止劳动合同。

地方各级卫生行政部门要根据工作需要,统一规划、科学布局、合理设置职业健康检查机构。职业健康检查机构要优化检查流程,加强质量控制,为用人单位和农民工提供方便高效的服务,并可根据需要,在登记机关管辖区域范围内开展外出职业健康检查。发现疑似尘肺病和职业禁忌的应当及时书面告知农民工和用人单位,并将疑似尘肺病报告用人单位所在地的卫生行政部门。

资料2:职业病诊断

《职业病诊断与鉴定管理办法》(国家卫生健康委员会第6号令)第三条第二款规定,省、自治区、直辖市卫生健康主管部门应当结合本行政区域职业病防治工作实际和医疗卫生服务体系规划,充分利用现有医疗卫生资源,实现职业病诊断机构区域覆盖。

第四条规定,各地要加强职业病诊断机构能力建设,提供必要的保障条件,配备相关的人员、设备和工作经费,以满足职业病诊断工作的需要。

第二十条规定,职业病诊断机构应当按照《职业病防治法》、本办法的有关规定及《职业病分类和目录》、国家职业病诊断标准,依据劳动者的职业史、职业病危害接触史和工作场所职业病危害因素情况、临床表现以及辅助检查结果等,进行综合分析。材料齐全的情况下,职业病诊断机构应当在收齐材料之日起三十日内作出诊断结论。没有证据否定职业病危害因素与病人临床表现之间的必然联系的,应当诊断为职业病。

小案例

陕西省山阳县一小镇109人确诊尘肺病

（1）案例概况

据有关媒体2016年报道，截至2016年1月20日，陕西省商洛市山阳县西照川镇共有109人被确诊为尘肺病，另有24人疑似患有尘肺病，需进一步诊断鉴定，有28人因尘肺病去世。更令人忧虑的是，确诊人数短期内可能存在持续增长的趋势。

这是当地政府公布的村民患尘肺病情况数据，当地负责人称这份数据是在当地疾病控制中心鉴定的，不是普查数据，不包括在外地鉴定的，也不包括已经患病但没有去医院鉴定的，所以实际患病人数应该比公布的数据要多。

据了解，西照川镇地处偏远地区，交通落后，群众生活水平低下，20世纪90年代以后部分村民自发前往矿区务工，许多务工人员因各种原因患上尘肺病。

（2）案例原因

1）作业人员自我保护意识缺失，不懂得个人防护，缺少对职业病的了解。

2）用人单位没有履行维护作业人员职业健康的责任和义务，没有对职业病危害因素进行有效预防。

3）有关部门针对职业病的监管制度不够完善，监管力度不强。

（3）案例启示

尘肺是由于在生产环境中长期吸入生产性粉尘而引起的

弥漫性肺间质纤维化改变的全身性疾病。它是职业性疾病中影响面最广、危害最严重的一类疾病。目前我国将尘肺病分为12类,其中矽肺是尘肺中进展最快,最为严重,也最常见,影响面较广的一种职业病。

从国家卫生健康委员会发布的《2019年我国卫生健康事业发展统计公报》可知,2019年全国共报告各类职业病新病例19 428例,职业性尘肺病及其他呼吸系统疾病15 947例(其中职业性尘肺病15 898例)。这说明当前尘肺病仍是职业病防治的重中之重。尘肺病高发的原因在于预防不足和监管缺失。患尘肺病的农民工的工作单位大多是小型企业,以矿山和工地为主,这些企业提供的劳动防护用品严重不足,绝大部分作业人员在工作中没有戴呼吸防护用品。

本案例警示,当作业人员发现和接触职业病危害因素时,应及时上报企业及有关部门,并尽早脱离职业病危害因素。作业人员一旦确诊,应立即脱离接触有害粉尘,并做劳动能力鉴定,根据患者自身状况、X射线诊断分期及结合肺代偿功能确定伤残等级,选择其他适合的工作或休息。

 小知识

(1)职业病危害因素及其分布

1)生产工艺过程。职业病危害因素随着生产技术、机器设备、使用材料和工艺流程的变化而变化,如与生产过程有关的原材料、工业毒物、粉尘、噪声、振动、高温、辐射等因素有关。

2）劳动过程。职业病危害因素与生产工艺的劳动组织情况、生产设备布局、生产制度与作业人员体位和方式以及机械设备的智能化程度等有关。

3）作业环境。主要是作业场所的环境，如室外不良气象条件，室内由于厂房狭小、车间设计不合理、照明不良与通风不畅等因素都会对作业人员产生影响。

（2）职业病危害因素识别的常用方法

1）经验法。根据以往的工作经验和原有的资料积累识别出作业环境中的职业病危害因素。

2）类比法。参考工艺、生产设备等条件相同或相近的企业存在的职业病危害因素来识别自身工作场所的职业病危害因素。

3）工艺过程等综合分析法。通过对整个工艺过程和操作条件，以及工艺过程中使用的原材料和产生的中间产品、最终产品、副产品等物质的性质进行认真分析，找出整个工艺过程中产生的职业病危害因素。

 小提示

《职业病防治法》第九条规定，国家实行职业卫生监督制度。国务院卫生行政部门、劳动保障行政部门依照本法和国务院确定的职责，负责全国职业病防治的监督管理工作。国务院有关部门在各自的职责范围内负责职业病防治的有关监督管理工作。县级以上地方人民政府卫生行政部门、劳动保障行政部门依据各自职责，负责本行政区域内职业病防治的监督管理工作。县级以上地方人民政府有关部门在各自的职责范围内负责职业病防治的有关监督管理工作。县级以上人民政府卫生行政部门、劳动保障行政部门应当加强沟通，密切配合，按照各自职责分工，依法行使职权，承担责任。

2.3 工伤预防意识与能力提升

【相关条款】

工伤预防意识和能力明显提升，实现从"要我预防"到"我要预防""我会预防"的转变。

【条款详解】

本条的主要内容是：明确提升工伤预防意识和能力的工作目标，从"要我预防"转变为"我要预防""我会预防"。

问题1：职工应如何从"要我预防"转变为"我要预防""我会预防"？

职工应主动熟悉了解工伤保险、工伤预防等相关知识，积极主动履行工伤预防职责，对涉及职工和用人单位的相关法律法规、行业规范、预防知识等做到应知应会，主动做到"我要预防"和"我会预防"。

《中华人民共和国社会保险法》（以下简称《社会保险法》）第

三十三条规定，职工应当参加工伤保险，由用人单位缴纳工伤保险费，职工不缴纳工伤保险费。

第三十六条规定，职工因工作原因受到事故伤害或者患职业病，且经工伤认定的，享受工伤保险待遇；其中，经劳动能力鉴定丧失劳动能力的，享受伤残待遇。工伤认定和劳动能力鉴定应当简捷、方便。

第四十一条规定，职工所在用人单位未依法缴纳工伤保险费，发生工伤事故的，由用人单位支付工伤保险待遇。用人单位不支付的，从工伤保险基金中先行支付。从工伤保险基金中先行支付的工伤保险待遇应当由用人单位偿还。用人单位不偿还的，社会保险经办机构可以依照本法第六十三条的规定追偿。

《工伤保险条例》第四条规定，用人单位应当将参加工伤保险的有关情况在本单位内公示。用人单位和职工应当遵守有关安全生产和职业病防治的法律法规，执行安全卫生规程和标准，预防工伤事故发生，避免和减少职业病危害。职工发生工伤时，用人单位应当采取措施使工伤职工得到及时救治。

第十条规定，用人单位应当按时缴纳工伤保险费。职工个人不缴纳工伤保险费。用人单位缴纳工伤保险费的数额为本单位职工工资总额乘以单位缴费费率之积。对难以按照工资总额缴纳工伤保险费的行业，其缴纳工伤保险费的具体方式，由国务院社会保险行政部门规定。

问题2：提升工伤预防意识和能力，应注意杜绝哪些不安全行为？

一般地说，凡是能够或可能导致事故发生的人为失误均属于

不安全行为。《企业职工伤亡事故分类》(GB 6441—1986)中规定的13大类不安全行为如下:

(1)未经许可开动、关停、移动机器;开动、关停机器时未给信号;开关未锁紧,造成意外转动、通电或泄漏等;忘记关闭设备;忽视警告标志、警告信号;操作错误(指按钮、阀门、扳手、把柄等的操作);奔跑作业;供料或送料速度过快;机器超速运转;违章驾驶机动车;酒后作业;客货混载;冲压机作业时,手伸进冲压模;工件紧固不牢;用压缩空气吹铁屑。

(2)安全装置被拆除、堵塞,或因调整错误造成安全装置失效。

(3)临时使用不牢固的设施或无安全装置的设备等。

(4)用手代替手动工具;用手清除切屑;不用夹具固定,用手拿工件进行机加工。

(5)成品、半成品、材料、工具、切屑和生产用品等存放不当。

(6)冒险进入危险场所。

(7)攀、坐不安全位置。

(8)在起吊物下作业、停留。

(9)机器运转时从事加油、修理、检查、调整、焊接、清扫等工作。

(10)分散注意力的行为。

(11)在必须使用劳动防护用品、用具的作业或场合中,未按规定使用。

(12)在有旋转零部件的设备旁作业穿肥大服装,操纵带有旋转零部件的设备时戴手套。

（13）对易燃易爆等危险物品处理错误。

问题 3：提升工伤预防意识和能力，应注意避免出现哪些不安全心理？

根据大量的工伤事故案例分析，导致职工发生职业伤害最常见的不安全心理状态主要有以下几种：

（1）自我表现心理——"虽然我进厂时间短，但我年轻、聪明，干这活儿不在话下……"

（2）经验心理——"多少年一直是这样干的，干了多少遍了，能有什么问题……"

（3）侥幸心理——"完全照操作规程做太麻烦了，变通一下也不一定会出事吧……"

（4）从众心理——"他们都没戴安全帽，我也不戴了……"

（5）逆反心理——"凭什么听班长的呀，今儿就这么干，我就不信会出事……"

（6）反常心理——"早晨孩子肚子疼，自己去了医院，也不知道是什么病，真担心……"

 小资料

《人力资源社会保障部办公厅关于进一步做好建筑业工伤保险工作的通知》（人社厅函〔2017〕53号）第四条明确提出，要进一步创新管理服务，推动实现从"要我参保"到"我要参保"的转变。建筑业按项目参加工伤保险，是适应建筑业用工特点做出的政策创新。在项目参保模式下，要高度重视管理服务创新，优化流程，减少环节，提高效率，逐步开辟绿色通道、专门窗口，提供一站式服务，逐步实现工伤医疗费用联网实时结算。借鉴商业保险管理经验，创新人性化服务内容，进一步提升工伤保险在为参保企业、项目和工伤职工服务上的便捷性和可及性。

 小案例

案例1：

一天，某厂生产一班给矿皮带工张某、和某两人打扫4号给矿皮带附近的场地，清理积矿。当张某清扫完非人行道上的积矿后，准备到人行道上帮助和某清扫。张某拿着1.7米长的铁铲，为图方便抄近路，他违章从4号给矿皮带与5号给矿皮带之间穿越（当时，4号给矿皮带正以每秒2米的速度运行，5号给矿皮带已停运）。张某手里拿的铁铲触及4号皮带的增紧轮，铁铲和人一起被卷到了皮带增紧轮上，铁铲的木柄被折成两段弹了出去，张某的头部顶在增紧轮外的支架上。在高速运转的皮带挤压下，造成头骨破裂，当场死亡。

这起事故的直接原因是张某安全意识淡薄，自我保护意识极差，严重违反了皮带操作工安全操作规程中关于"严禁穿越皮带"的规定。据事后调查，张某曾多次违章穿越皮带，属习惯性违章。正是他的违章行为，导致了这起伤亡事故的发生。

这起事故给人们的教训是，用人单位应设置有效的安全防护设施，提高设备的本质安全水平。同时，对职工要加强教育，增强其安全意识，杜绝不安全行为。

案例2：

一天，某机械厂切割机操作工王某在巡视纵向切割机时，发现刀锯与板坯摩擦有冒烟和燃烧现象，如不及时处理有可能引起火灾。王某当即停掉风机和切割机去排除故障，但没有关闭皮带机电源，皮带机仍然处于运转中。当王某伸手去掏燃着的纤维板屑时，袖口连同右臂突然被皮带机齿轮绞住，直到工友听到王某的呼救声才关闭了皮带机电源。这起事故造成王某右臂伤残。

这起事故的发生与王某存在侥幸麻痹心理有直接的关系。王某以前多次不关闭皮带机就去排除故障，侥幸未造成事故，因而麻痹大意，由此逐渐形成习惯性违章并最终导致惨剧发生。

工伤预防五年行动计划（2021—2025 年）

三、主要任务

（一）牢固树立预防优先的工作理念。深入学习贯彻习近平总书记关于"人民至上、生命至上"的重要指示精神，始终把人民群众生命安全和身体健康放在第一位，把减少事故伤害和职业病危害作为工伤预防的根本出发点和落脚点，从源头上防止工伤事故发生，切实保障劳动者的生命安全和身体健康。

（二）建立完善工伤预防联防联控机制。各地人社部门要与应急管理部门、卫生健康部门、工会和行业主管部门建立联席会议制度，明确职责分工，加强协调联动，加强联合检查，督促用人单位认真落实工伤预防主体责任。要建立完善信息交换、数据共享机制，实现人员信息、事故信息、职业病信息和涉及安全生产事故和职业病的工伤信息等相关数据共享，及时对各类安全隐患、工伤事故苗头性问题和职业病危害因素浓（强）度超标现象综合运用法律、行政、经济手段重点治理，提出限期整改建议。对未按规定落实主体责任、未及时整改的用人单位及其主要负责人，相关部门应依据安全生产法和职业病防治法严肃处理。对有代表性或典型性的工伤事故，相关部门要在全国范围内进行通报，努力避免类似事故重复发生。

（三）瞄住盯紧工伤预防重点行业。各地要加强对工伤预防相关数据的分析,定期研究本地区工伤事故和职业病危害的现状及变化情况,研究确定工伤预防重点领域,依法确定重点项目。本期计划主要围绕工伤事故和职业病高发的危险化学品、矿山、建筑施工、交通运输、机械制造等重点行业企业开展。各地可结合实际明确本地区重点行业、重点领域。

(四)全面加强工伤预防宣传。充分发挥主流媒体和新媒体作用,充分发挥各部门和有关行业企业的宣传作用,抓住重点时段、重要节点、重大事件开展有针对性宣传。要从关注关爱职工群众生命安全和职业健康的视角,运用影音视频、图标图解、典型案例、身边工伤事件等群众易于接受、感染力强的形式,宣传职业病防治、安全生产、交通事故防范、心脑血管疾病防治等方面的知识,不断提高职工群众的工伤预防意识和自我保护意识。鼓励工伤事故和职业病高发易发企业设立工伤预防警示教育基地。

(五)深入推进工伤预防培训。实施重点行业重点企业工伤预防(安全生产、职业病防治)能力提升培训工程,重点培训重点行业重点企业分管负责人、安全管理部门主要负责人和一线班组长等重点岗位人员,2025年底前实现上述人员培训全覆盖。技工院校要全面开设工伤预防课程,将安全生产、职业病防治与工伤预防的政策法规、安全生产事故与工伤事故防范知识、工伤事故与职业病警示教育等内容作为工伤预防培训必修内容。鼓励各地采取线上培训和线下培训相结合方式，更加注重发挥线上培训的作用。

（六）科学进行工伤保险费率浮动。各地要在依据行业工伤风险程度确定行业基准费率基础上，充分发挥浮动费率的激励和约束作用，促进用人单位主动做好工伤预防，减少工伤事故和职业病的发生。为更好评估用人单位工伤风险趋势，更全面考察用人单位风险管理效果，鼓励各地结合实际，以3年为一个周期进行费率浮动。

（七）大力开展互联网＋工伤预防。充分发挥信息化、大数据、人工智能在工伤预防方面的作用，一体化推进工伤预防信息共享、在线培训、考核评估，普及工伤预防科学知识、宣传工伤预防政策、开展工伤预防线上培训、强化工伤事故警示教育。人力资源社会保障部将建立基于云架构的工伤预防综合性平台，加强对工伤预防工作的指导和服务。各省级人社部门可会同相关部门推荐资质合法、信誉良好、服务优质的在线培训平台，供地方有关部门、大中型企业等依法自主选用。

（八）积极推进工伤预防专业化、职业化建设。支持有条件、有能力的第三方专业技术服务机构积极参与工伤预防工作，建立长效服务机制。鼓励有能力的大中型企业发挥示范作用，带领同行业中小微企业开展工伤预防工作。建立工伤预防专家库，遴选工伤预防、安全生产、职业卫生等方面的专家，负责工伤预防立项评审、宣传培训、问题诊断、措施制定、评估验收等专业技术相关工作。

（九）切实加强对工伤预防工作的考核监督。将工伤预防工作开展情况纳入对省级政府安全生产目标责任考核内容，促进提高工伤预防工作的实效。加强对工伤预防项目事前、事中、事后全过程监管，按照项目进展安排全程检查、全程跟踪、全程问效。大力推广工伤预防先进典型、先进做法，营造工伤预防正能量。

3 主要任务

3.1 牢固树立预防优先的工作理念

3.1.1 工伤预防根本原则

【相关条款】

深入学习贯彻习近平总书记关于"人民至上、生命至上"的重要指示精神，始终把人民群众生命安全和身体健康放在第一位。

【条款详解】

本条的主要内容是：明确开展工伤预防工作的根本原则——人民至上、生命至上。

问题：怎样理解并做到"人民至上、生命至上"？

用人单位及职工应深入学习贯彻习近平总书记关于"人民至上、生命至上"的重要指示精神，坚持把生命安全和身体健康放在第一位。

《安全生产法》第三条规定，安全生产工作坚持中国共产党的领导。安全生产工作应当以人为本，坚持人民至上、生命至上，把保护人民生命摆在首位，树牢安全发展理念，坚持安全第一、预防为主、综合治理的方针，从源头上防范化解重大安全风险。安全生产工作实行管行业必须管安全、管业务必须管安全、管生产经营必须管安全，强化和落实生产经营单位主体责任与政府监管责任，建立生产经营单位负责、职工参与、政府监管、行业自律和社会监督的机制。

"安全第一"说明和强调了安全的重要性。人的生命是至高无上的，每个人的生命只有一次，要珍惜生命、爱护生命、保护生命。事故意味着对生命的摧残与毁灭，因此，在生产活动中，应把保护人民生命安全摆在首位，坚持最优先考虑人的生命安全。"预防为主"是指安全工作的重点应放在预防事故的发生上，按照系统工程理论，根据事故发展的规律和特点，预防事故发生。安全工作应当做在生产活动之前，事先就充分考虑事故发生的可能性，并自始至终采取有效措施以防止和减少事故。"综合治理"是指要自觉遵循安全生产规律，抓住安全生产工作中的主要矛盾和关键环节。要标本兼治，重在治本，采取各种管理手段预防事故发生，实现治标的同时，研究治本的方法。要综合运用科技、经济、法律、行政等手段，并充分发挥社会、职工、舆论的监督作用,从各个方面着手解决影响安全生产的深层次问题,做到思想上、制度上、技术上、监督检查上、事故处理上和应急救援上的综合管理。

3.1.2 工伤事故源头控制

【相关条款】

把减少事故伤害和职业病危害作为工伤预防的根本出发点和落脚点,从源头上防止工伤事故发生,切实保障劳动者的生命安全和身体健康。

【条款详解】

本条的主要内容是:明确工伤事故源头控制是工伤预防的根本任务。

问题1:如何从源头上控制工伤事故伤害?

(1)遵守安全生产规定

职工及其用人单位在生产过程中,必须严格遵守安全生产操作规范等安全生产规定,把减少事故伤害和职业病危害作为工伤预防的根本出发点和落脚点。

《安全生产法》第四条第一款规定,生产经营单位必须遵守本法和其他有关安全生产的法律、法规,加强安全生产管理,建立健全全员安全生产责任制和安全生产规章制度,加大对安全生产资金、物资、技术、人员的投入保障力度,改善安全生产条件,加强安全生产标准化、信息化建设,构建安全风险分级管控和隐患排查治理双重预防机制,健全风险防范化解机制,提高安全生产水平,确保安全生产。

第五十七条规定，从业人员在作业过程中，应当严格落实岗位安全责任，遵守本单位的安全生产规章制度和操作规程，服从管理，正确佩戴和使用劳动防护用品。

第五十八条规定，从业人员应当接受安全生产教育和培训，掌握本职工作所需的安全生产知识，提高安全生产技能，增强事故预防和应急处理能力。

第五十九条规定，从业人员发现事故隐患或者其他不安全因素，应当立即向现场安全生产管理人员或者本单位负责人报告；接到报告的人员应当及时予以处理。

（2）安全防护措施到位

《安全生产法》第四十五条规定，生产经营单位必须为从业人员提供符合国家标准或者行业标准的劳动防护用品，并监督、教育从业人员按照使用规则佩戴、使用。

全面到位的安全防护措施能有效降低工伤事故的发生率。如果没有安全防护措施，或者是降低了安全防护措施的标准而发生工伤事故，会使用人单位得不偿失。用人单位对劳动防护用品等安全防护措施的管理责任有以下几方面：

1）用人单位应根据工作场所中的职业病危害因素及其危害程度，按照法律、法规、标准的规定，为职工免费提供符合国家规定的劳动防护用品。不得以货币或其他物品替代应当配备的劳动防护用品。

2）用人单位应到定点经营单位或生产企业购买特种劳动防护用品。特种劳动防护用品必须具有"三证"和"一标志"，即生产许可证、产品合格证、安全鉴定证和安全标志。

3）用人单位应教育、培训职工按照劳动防护用品的使用规则和防护要求正确使用，使职工做到"三会"：会检查劳动防护用品的可靠性；会正确使用劳动防护用品；会正确维护保养劳动防护用品。用人单位应定期进行监督检查。

4）用人单位应按照产品说明书的要求，及时更换、报废过期和失效的劳动防护用品。

5）用人单位应建立健全劳动防护用品的购买、验收、保管、发放、使用、更换、报废等管理制度和使用档案，并进行必要的监督检查。

问题2：如何从源头上控制职业病危害？

《职业病防治法》第三条规定，职业病防治工作坚持预防为主、防治结合的方针，建立用人单位负责、行政机关监管、行业自律、职工参与和社会监督的机制，实行分类管理、综合治理。

第四条规定，劳动者依法享有职业卫生保护的权利。用人单位应当为劳动者创造符合国家职业卫生标准和卫生要求的工作环境和条件，并采取措施保障劳动者获得职业卫生保护。工会组织依法对职业病防治工作进行监督，维护劳动者的合法权益。用人单位制定或者修改有关职业病防治的规章制度，应当听取工会组织的意见。

第五条规定，用人单位应当建立、健全职业病防治责任制，加强对职业病防治的管理，提高职业病防治水平，对本单位产生的职业病危害承担责任。

加强工作场所职业病防治工作的首要措施是进行职业危害控制。无论是对职业病危害因素的识别还是对它的评价，两者本身都不能防止职业危害的产生及其对健康的影响，只有控制好工作环境中的职业病危害因素，才能防止职业危害的发生及其对劳动者健康造成影响。职业危害控制是职业卫生工作的根本目的。对职业危害的控制措施，一般包括三个方面：

（1）工程措施

通过采取工程技术的手段，消除或减少污染物质的使用，降低职业病危害因素强度。

（2）管理措施

通过改变劳动者在接触职业病危害因素的场所工作的时间、工作方式等手段，降低劳动者接触职业病危害因素程度。

（3）个体防护措施

在作业环境中的职业病危害因素暂时无法达到职业卫生标准的情况下，通过提供适当的个体防护用品，降低劳动者接触职业病危害因素强度。

小知识

劳动防护用品是怎样分类的？

（1）按照用途以及防护部位，劳动防护用品可以分为以防止伤亡事故为目的的防护用品、以预防职业病为目的的防护用品和以防护人体指定部位为目的的防护用品。

1）以防止伤亡事故为目的的防护用品包括：防坠落用品，如安全带、安全网等；防冲击用品，如安全帽、防冲击护目镜等；防触电用品，如绝缘服、绝缘鞋、等电位工作服等;防机械外伤用品,如防刺、割、绞、碾、磨损用的防护服、鞋、手套等;防酸碱用品,如耐酸碱手套、防护服和靴等;耐油用品,如耐油防护服、鞋和靴等;防水用品,如胶质工作服、雨衣、雨鞋和雨靴、防水保险手套等;防寒用品,如防寒服、鞋、帽、手套等。

2)以预防职业病为目的的防护用品包括:防尘用品,如防尘口罩、防尘服等;防毒用品,如防毒面具、防毒服等;防放射性用品,如辐射防护服、铅玻璃眼镜等;防热辐射用品,如隔热服、隔热面罩、电焊手套、有机防护眼镜等;防噪声用品,如耳塞、耳罩、耳帽等。

3)以防护人体指定部位为目的的防护用品包括:头部防护用品,如防护帽、安全帽、防寒帽、防昆虫帽等;呼吸器官防护用品,如防尘口罩(面罩)、防毒口罩(面罩)等;眼面部防护用品,如焊接护目镜、炉窑护目镜、防冲击护目镜等;手部防护用品,如一般防护手套、各种特殊防护(防水、防寒、防高温、防振)手套、绝缘手套等;足部防护用品,如防尘、防水、防油、防滑、防高温、防酸碱、防振鞋(靴)及电绝缘鞋(靴)等;躯干防护用品,通常称为防护服,如一般防护服、防水服、防寒服、防油服、防电磁辐射服、隔热服、防酸碱服等。

(2)劳动防护用品还可以分为特种劳动防护用品与一般劳动防护用品。特种劳动防护用品是指在劳动过程中预防或减轻严重伤害和职业危害的劳动防护用品,一般劳动防护用品是指除特种劳动防护用品以外的防护用品。

什么是职业病危害因素？职业病危害因素如何分类？

职业病危害因素是指在与生产有关的劳动条件，包括生产过程、劳动过程和生产环境中存在的，对劳动者健康和劳动能力产生有害作用的职业因素。职业病危害因素按其性质可以分为以下几种：

（1）物理性有害因素

1）异常气候条件，包括高温、高湿、低温、高气压、低气压等。

2）电磁辐射，如红外线、紫外线、激光、微波、高频电磁场等。

3）电离辐射，如X射线、γ射线。

4）噪声和振动。

（2）化学性有害因素

1）毒物，如铅、汞、苯、一氧化碳等。

2）生产性粉尘，如矽尘、石棉尘、煤尘等。

（3）生物性有害因素

如皮毛上的炭疽杆菌及森林脑炎病毒、布鲁氏菌等。

（4）其他有害因素

1）劳动组织和制度不合理。

2）劳动强度过大或生产定额不当。

3）个体个别器官或系统过度紧张。

4）生产场所建筑设施不符合设计卫生标准要求。

5）缺乏适当的机械通风、人工照明等安全技术措施。

6）缺乏防尘、防毒、防暑降温、防寒保暖等设施，或设施不完善。

7）安全防护或防护器具有缺陷。

发现事故隐患应该怎么办？

职工往往属于事故隐患和不安全因素的第一当事人。许多生产安全事故正是由于职工在作业现场发现事故隐患和不安全因素后，没有及时报告，以致延误了采取措施进行紧急处理的时机，最终酿成惨剧。相反，如果职工尽职尽责，及时发现并报告事故隐患和不安全因素，使之得到及时、有效的处理，就完全可以避免事故发生和降低事故损失。所以，发现事故隐患并及时报告是贯彻安全第一、预防为主、综合治理方针，加强事前防范的重要措施。

3.2 建立完善工伤预防联防联控机制

3.2.1 相关部门联合联动

【相关条款】

各地人社部门要与应急管理部门、卫生健康部门、工会和行业主管部门建立联席会议制度，明确职责分工，加强协调联动，加强联合检查，督促用人单位认真落实工伤预防主体责任。

【条款详解】

本条的主要内容是：明确相关职能部门建立联席会议制度，明确职责分工、协调联动的任务。

问题1：什么是部门联席会议制度？

联席会议制度是部门联动工作机制的重要组成部分。通过定期召开部门联席会议,各部门共同协商工伤保险工作相关事宜,及时解决工作中出现的问题。根据《人力资源社会保障部 住房城乡建设部 安全监管总局 全国总工会关于进一步做好建筑业工伤保险工作的意见》(人社部发〔2014〕103号)规定,各地人力资源社会保障、住房城乡建设、安全监管等部门和工会组织要依据国家法律法规和本文件精神,结合本地实际制定具体实施方案,定期召开有关部门协调工作会议,共同研究解决有关难点重点问题,合力做好建筑业职工工伤保险权益保障工作。

联席会议制度是重要的多部门协作工作形式,也是部门联动工作机制的重要组成部分。及时召开联席会议,有利于及时解决工伤保险工作中出现的问题,保证工作机制高效、有序运转。

联席会议原则上每年至少召开一次全体会议。根据国务院领导同志指示、成员单位要求或工作需要,可以临时召集会议。在全体会议召开之前,召开联络员会议,研究讨论联席会议议题和需提交联席会议议定的事项及其他有关事项。联席会议以纪要形式明确会议议定事项,经与会部门同意后印发有关方面并抄报国务院。对难以协调一致的问题,由联席会议召集人单位报国务院相关委员会或国务院决定。

例如,《危险化学品安全生产监管部际联席会议制度》对联席会议制度建设作出了具体规定:联席会议由应急管理部、工业和信息化部、公安部、交通运输部、中央政法委、发展改革委、教育部、科技部、司法部、财政部、人力资源社会保障部、自然资源部、生态环境部、住房城乡建设部、农业农村部、卫生健康委、国资委、海关总署、市场监管总局、粮食和储备局、能源局、铁路局、民航局、全国总工会、中国铁路总公司等 25 个部门和单位组成。应急管理部为召集人单位,应急管理部部长担任联席会议召集人,工业和信息化部、公安部、交通运输部为副召集人单位,其有关负责同志担任联席会议副召集人,其他成员单位有关负责同志为联席会议成员。联席会议成员因工作变动需要调整的,由所在单位提出,联席会议确定。

问题 2:如何加强相关部门协调联动?

在工伤预防联防联控工作中,相关职能部门应主动加强协调联动,明确职责分工,加强联合检查,督促用人单位认真落实工伤预防主体责任。

《人力资源社会保障部 交通运输部 水利部 能源局 铁路局 民航局关于铁路、公路、水运、水利、能源、机场工程建设项目参加工伤保险工作的通知》(人社部发〔2018〕3 号)第二条提出,要推进形成更高水平更高效率的部门协作机制。按项目参加工伤保险工作涉及多部门职责,必须协调联动,合力推进。本条还指出,在推进住建领域工程建设项目参加工伤保险工作中,各地普遍建立的联席会议、联合督查、信息共享、经办对接等部门协作机制,发挥了重要作用,创造积累了行之有效的经验做法。

《人力资源社会保障部办公厅关于进一步做好建筑业工伤保险工作的通知》(人社厅函〔2017〕53 号)针对进一步做好建筑业按项目参加工伤保险工作作出规定,要进一步加强领导,推动形成更高水平、更高效率的部门协作机制:建筑业按项目参加工伤保险工作涉及多部门职责,需要多部门联动。各级人社部门要进一步发挥好牵头作用,会同有关部门加强和完善联席会议、联合督查、信息共享、定期会商等行之有效的部门协作机制。要联合有关部门,切实把握好政策关键点,在"项目参保证明作为保证工程安全施工的具体措施之一,不落实不予核发施工许可证"的问题上不开口子,不搞变通,守住政策底线。

《人力资源社会保障部办公厅关于加快推进建筑业工伤保险工作的通知》(人社厅发〔2016〕43号)规定,人社部门作为社会保险行政管理部门,必须将这项工作作为当前工伤保险扩面的首要任务,牵头推进工作落实。各级人社部门主要负责同志,尤其是分管工伤保险工作的负责同志要亲自做好相关协调工作和任务安排,既要争取党委、政府分管领导的支持,更要协调相关部门建立良好的沟通合作机制。要重点加强对地市一级工作落实的督导,对工作进展慢、特别是仍存在部门配合不畅问题的地市,要协调当地党委、政府分管领导牵头推进落实。要会同住建、安监、工会等部门研究制定推进建筑业参加工伤保险工作的具体措施,并对推进工作中联合会商、联合督查、信息共享等工作措施作出制度性安排。

《人力资源社会保障部办公厅关于开展建筑业"同舟计划"——建筑业工伤保险专项扩面行动计划的通知》(人社厅发〔2015〕43号)中明确提出,要加强沟通协调:要与住建部门加强统筹协调,共同做好建筑业职工参加工伤保险工作。要建立操作性强、沟通顺畅、协同推进的协调工作机制,双方定期交流,相互通报建筑施工企业开工、变更、参保和基金收支余情况,及时研究解决工作中出现的问题,加快推进建筑施工企业参加工伤保险。

《人力资源社会保障部 财政部关于做好工伤保险费率调整工作 进一步加强基金管理的指导意见》(人社部发〔2015〕72号)规定，各地要加强人力资源社会保障部门、财政部门之间的协同配合，周密制定有关工伤保险费率政策调整和完善基金管理的措施。在相关政策制定和实施中，还要加强同安全生产监管、卫生计生等部门、相关产业部门及工会组织的协同合作，共同促进工伤保险相关政策的落实。

> 《中华人民共和国尘肺病防治条例》(以下简称《尘肺病防治条例》)第十五条规定，卫生行政部门、劳动部门和工会组织分工协作，互相配合，对企业、事业单位的尘肺病防治工作进行监督。

《职业病防治法》第九条规定，国家实行职业卫生监督制度。国务院卫生行政部门、劳动保障行政部门依照本法和国务院确定的职责，负责全国职业病防治的监督管理工作。国务院有关部门在各自的职责范围内负责职业病防治的有关监督管理工作。县级以上地方人民政府卫生行政部门、劳动保障行政部门依据各自职责，负责本行政区域内职业病防治的监督管理工作。县级以上地方人民政府有关部门在各自的职责范围内负责职业病防治的有关监督管理工作。县级以上人民政府卫生行政部门、劳动保障行政部门应当加强沟通，密切配合，按照各自职责分工，依法行使职权，承担责任。

3.2.2 建立信息共享机制，综合治理

【相关条款】

要建立完善信息交换、数据共享机制，实现人员信息、事故信息、职业病信息和涉及安全生产事故和职业病的工伤信息等相关数据共享，及时对各类安全隐患、工伤事故苗头性问题和职业病危害因素浓（强）度超标现象综合运用法律、行政、经济手段重点治理，提出限期整改建议。

【条款详解】

本条的主要内容是：明确建立信息共享机制，对风险隐患等不合规现象综合治理的任务。

问题1：为什么要建立信息共享机制？如何建立？

建立完善工伤预防联防联控、信息共享机制，有助于相关各职能部门协调职责、联合联动，通过建立信息共享、信息互通的交流平台，设立信息共享制度和规定，可以实现安全生产、工伤事故、任务职责等有关工伤预防的信息的互通互享。

《国家卫生健康委关于加强职业病防治技术支撑体系建设的指导意见》（国卫职健发〔2020〕5号）第三条明确提出，要提升信息化和大数据管理水平：国家卫生健康委及地方各级卫生健康行政部门依托全民健康信息平台，统筹推进职业病防治技术支撑信息化建设，实现职业病危害项目申报、重点职业病和职业病危害因素监测、工程防护、职业病报告、职业健康检查、职业病诊断

鉴定、职业卫生及放射卫生检测评价等信息"一网通"。各技术支撑机构要加强信息化建设，健全完善相关软硬件设施，增强信息数据汇总、分析、评估能力。

《人力资源社会保障部　交通运输部　水利部能源局　铁路局　民航局关于铁路、公路、水运、水利、能源、机场工程建设项目参加工伤保险工作的通知》（人社部发〔2018〕3号）第四条明确提出，要进一步加强督查和定期通报工作：从2017年起，人力资源社会保障部已将新开工项目参保率纳入人力资源社会保障事业发展指标体系，定期分省通报调度。各地人力资源社会保障部门要以此为契机，会同有关部门进一步强化督查措施，提高数据的可靠性和可应用性。要在全面启动交通运输等行业工程建设项目参加工伤保险工作的同时，将同口径数据纳入通报调度安排，并作为督查重点。各地人力资源社会保障部门要在门户网站上定期通报当地工程建设项目参保率情况，并加强与住房城乡建设、交通运输、水利、能源、铁路和民航部门的数据共享。

《人力资源社会保障部办公厅关于加快推进建筑业工伤保险工作的通知》（人社厅发〔2016〕43号）规定：

（1）整合力量，进一步形成推进工作的合力。要进一步与住建、安监、工会等部门密切合作，整合各自的职能优势，建立畅通高效的长效协调机制，进一步形成工作合力。积极协调住建部门和安监部门发挥对建筑企业管理的职能优势，落实将工伤保险参保证明作为保证工程安全施工的具体措施之一，安全施工措施未落实的项目不予核发"施工许可证"和"安全生产许可证"，及时将建筑项目施工许可等信息予以公开，逐步完善信息共享机制，共同推动建筑业工伤保险工作。

（2）扩充系统，创新信息化服务水平。各地要按照《关于扩充社会保险管理信息系统功能支持建筑业按项目参加工伤保险工作的通知》（人社信息函〔2016〕17号）要求，扩充社会保险管理信息系统相关功能，支持建筑业按项目参加工伤保险，实现工伤保险参保登记、缴费、工伤认定、劳动能力鉴定等业务办理的全流程信息化。按照《关于加快推进社会保障卡应用的意见》（人社部发〔2014〕52号）要求，推进社会保障卡在建筑业工伤保险领域应用。加快推进全民参保计划的实施，建立完善全民参保登记数据库，通过信息比对、入户调查、资源共享、动态更新等措施，支持和促进按项目参保的人员管理。建立与住建、安监、工会等部门的信息交换机制，畅通信息共享渠道，共享项目用工、施工许可证发放、参保、安全生产管理等信息资源。

《人力资源社会保障部 住房城乡建设部 安全监管总局 全国总工会关于进一步做好建筑业工伤保险工作的意见》（人社部发〔2014〕103号）中规定，人力资源社会保障、住房城乡建设、安全监管等部门和总工会要定期组织开展建筑业职工工伤维权工作情况的联合督查。有关部门和工会组织要建立部门间信息共享机制，及时沟通项目开工、项目用工、参加工伤保险、安全生产监管等信息，实现建筑业职工参保等信息互联互通，为维护建筑业职工工伤权益提供有效保障。

问题2：如何对风险、隐患等不合规现象进行综合治理？

对各类安全隐患、工伤事故苗头性问题和职业病危害因素浓

（强）度超标现象应综合运用法律、行政、经济手段重点治理，综合治理可以从源头上减少工伤事故和职业病的发生。

《安全生产法》第一百零二条规定，生产经营单位未采取措施消除事故隐患的，责令立即消除或者限期消除，处五万元以下的罚款；生产经营单位拒不执行的，责令停产停业整顿，对其直接负责的主管人员和其他直接责任人员处五万元以上十万元以下的罚款；构成犯罪的，依照刑法有关规定追究刑事责任。

《职业病防治法》第六十九条规定，建设单位违反本法规定，有下列行为之一的，由卫生行政部门给予警告，责令限期改正；逾期不改正的，处十万元以上五十万元以下的罚款；情节严重的，责令停止产生职业病危害的作业，或者提请有关人民政府按照国务院规定的权限责令停建、关闭：

（1）未按照规定进行职业病危害预评价的；

（2）医疗机构可能产生放射性职业病危害的建设项目未按照规定提交放射性职业病危害预评价报告，或者放射性职业病危害预评价报告未经卫生行政部门审核同意，开工建设的；

（3）建设项目的职业病防护设施未按照规定与主体工程同时设计、同时施工、同时投入生产和使用的；

（4）建设项目的职业病防护设施设计不符合国家职业卫生标准和卫生要求，或者医疗机构放射性职业病危害严重的建设项目的防护设施设计未经卫生行政部门审查同意擅自施工的；

（5）未按照规定对职业病防护设施进行职业病危害控制效果评价的；

（6）建设项目竣工投入生产和使用前，职业病防护设施未按照规定验收合格的。

《人力资源社会保障部 住房城乡建设部 安全监管总局 全国总工会关于进一步做好建筑业工伤保险工作的意见》（人社部发〔2014〕103号）中明确提出，要齐抓共管合力维护建筑工人工伤权益：人力资源社会保障部门要积极会同相关部门，把大力推进建筑施工企业参加工伤保险作为当前扩大社会保险覆盖面的重要任务和重点工作领域，对各类建筑施工企业和建设项目进行摸底排查，力争尽快实现全面覆盖。各地人力资源社会保障、住房城乡建设、安全监管等部门要认真履行各自职能，对违法施工、非法转包、违法用工、不参加工伤保险等违法行为依法予以查处，进一步规范建筑市场秩序，保障建筑业职工工伤保险权益。

 小资料

《人力资源社会保障部办公厅关于设立公布第一批区域性工伤康复示范平台名单有关问题的通知》（人社厅发〔2015〕178号）中明确提出，要切实发挥区域性工伤康复示范平台的作用：各相关省市人力资源社会保障部门要及时通知获准设立的4家区域性工伤康复示范平台机构，按照"示范指导、技术探索、业务支持"三大功能定位要求，支持、指导其尽快制定自身优化发展方案，做好区域内工伤康复示范服务工作；探索建立区域专业化网络建设，形成可持续的业务合作和信息共享机制；完善深化工伤康复技术创新，推进业务服

务发展；协助工伤保险管理部门逐步建立工伤康复质量监控体系，做好工伤康复费用控制工作，推进工伤康复的规范化发展。

3.2.3 严格落实主体责任，依法治理

【相关条款】

对未按规定落实主体责任、未及时整改的用人单位及其主要负责人，相关部门应依据安全生产法和职业病防治法严肃处理。

【条款详解】

本条的主要内容是：明确依法处理违法、违规的责任单位及责任人的任务。

问题1：针对违法、违规的责任单位及责任人，如何依据《安全生产法》进行处理？

《安全生产法》第九十一条规定，负有安全生产监督管理职责的部门，要求被审查、验收的单位购买其指定的安全设备、器材或者其他产品的，在对安全生产事项的审查、验收中收取费用的，由其上级机关或者监察机关责令改正，责令退还收取的费用；情节严重的，对直接负责的主管人员和其他直接责任人员依法给予处分。

第九十三条规定，生产经营单位的决策机构、主要负责人或者个人经营的投资人不依照本法规定保证安全生产所必需的资金投入，致使生产经营单位不具备安全生产条件的，责令限期改正，

提供必需的资金；逾期未改正的，责令生产经营单位停产停业整顿。有前款违法行为，导致发生生产安全事故的，对生产经营单位的主要负责人给予撤职处分，对个人经营的投资人处二万元以上二十万元以下的罚款；构成犯罪的，依照刑法有关规定追究刑事责任。

第九十四条规定，生产经营单位的主要负责人未履行本法规定的安全生产管理职责的，责令限期改正，处二万元以上五万元以下的罚款；逾期未改正的，处五万元以上十万元以下的罚款，责令生产经营单位停产停业整顿。生产经营单位的主要负责人有前款违法行为，导致发生生产安全事故的，给予撤职处分；构成犯罪的，依照刑法有关规定追究刑事责任。生产经营单位的主要负责人依照前款规定受刑事处罚或者撤职处分的，自刑罚执行完毕或者受处分之日起，五年内不得担任任何生产经营单位的主要负责人；对重大、特别重大生产安全事故负有责任的，终身不得担任本行业生产经营单位的主要负责人。

第一百一十条规定，生产经营单位的主要负责人在本单位发生生产安全事故时，不立即组织抢救或者在事故调查处理期间擅离职守或者逃匿的，给予降级、撤职的处分，并由应急管理部门处上一年年收入百分之六十至百分之一百的罚款；对逃匿的处十五日以下拘留；构成犯罪的，依照刑法有关规定追究刑事责任。生产经营单位的主要负责人对生产安全事故隐瞒不报、谎报或者迟报的，依照前款规定处罚。

第一百一十一条规定，有关地方人民政府、负有安全生产监督管理职责的部门，对生产安全事故隐瞒不报、谎报或者迟报的，对直接负责的主管人员和其他直接责任人员依法给予处分；构成犯罪的，依照刑法有关规定追究刑事责任。

第一百一十六条规定，生产经营单位发生生产安全事故造成人员伤亡、他人财产损失的，应当依法承担赔偿责任；拒不承担或者其负责人逃匿的，由人民法院依法强制执行。生产安全事故的责任人未依法承担赔偿责任，经人民法院依法采取执行措施后，仍不能对受害人给予足额赔偿的，应当继续履行赔偿义务；受害人发现责任人有其他财产的，可以随时请求人民法院执行。

问题2：针对违法、违规的责任单位及责任人，如何依据《职业病防治法》进行处理？

《职业病防治法》第七十四条规定，用人单位和医疗卫生机构未按照规定报告职业病、疑似职业病的，由有关主管部门依据职责分工责令限期改正，给予警告，可以并处一万元以下的罚款；弄虚作假的，并处二万元以上五万元以下的罚款；对直接负责的主管人员和其他直接责任人员，可以依法给予降级或者撤职的处分。

第七十七条规定，用人单位违反本法规定，已经对劳动者生命健康造成严重损害的，由卫生行政部门责令停止产生职业病危害的作业，或者提请有关人民政府按照国务院规定的权限责令关闭，并处十万元以上五十万元以下的罚款。

第七十八条规定，用人单位违反本法规定，造成重大职业病危害事故或者其他严重后果，构成犯罪的，对直接负责的主管人员和其他直接责任人员，依法追究刑事责任。

第八十一条规定，职业病诊断鉴定委员会组成人员收受职业病诊断争议当事人的财物或者其他好处的，给予警告，没收收受的财物，可以并处三千元以上五万元以下的罚款，取消其担任职业病诊断鉴定委员会组成人员的资格，并从省、自治区、直辖市人民政府卫生行政部门设立的专家库中予以除名。

第八十二条规定，卫生行政部门不按照规定报告职业病和职业病危害事故的，由上一级行政部门责令改正，通报批评，给予警告；虚报、瞒报的，对单位负责人、直接负责的主管人员和其他直接责任人员依法给予降级、撤职或者开除的处分。

第八十三条规定，县级以上地方人民政府在职业病防治工作中未依照本法履行职责，本行政区域出现重大职业病危害事故、造成严重社会影响的，依法对直接负责的主管人员和其他直接责任人员给予记大过直至开除的处分。县级以上人民政府职业卫生监督管理部门不履行本法规定的职责，滥用职权、玩忽职守、徇私舞弊，依法对直接负责的主管人员和其他直接责任人员给予记大过或者降级的处分；造成职业病危害事故或者其他严重后果的，依法给予撤职或者开除的处分。

小资料

《社会保险法》第八十二条规定，任何组织或者个人有权对违反社会保险法律、法规的行为进行举报、投诉。社会保险行政部门、卫生行政部门、社会保险经办机构、社会保险费征收机构和财政部门、审计机关对属于本部门、本机构职责范围的举报、投诉,应当依法处理;对不属于本部门、本机构职责范围的,应当书面通知并移交有权处理的部门、机构处理。有权处理的部门、机构应当及时处理,不得推诿。

3.2.4 工伤事故典型案例信息共享

【相关条款】

对有代表性或典型性的工伤事故,相关部门要在全国范围内进行通报,努力避免类似事故重复发生。

【条款详解】

本条的主要内容是:明确工伤事故典型案例信息共享、信息通报的任务。

问题:如何做到及时通报工伤事故典型案例?

工伤事故典型案例对工伤预防具有较高的警示作用,因此,相关部门应针对有代表性或典型性的工伤事故在全国范围内进行通报,努力避免类似事故重复发生。

《安全生产法》第七十八条第一款规定,负有安全生产监督管理职责的部门应当建立安全生产违法行为信息库,如实记录生产经营单位及其从业人员的安全生产违法行为信息;对违法行为情节严重的生产经营单位及其从业人员,应当及时向社会公告,并通报行业主管部门、投资主管部门、自然资源主管部门、生态环境主管部门、证券监督管理机构以及有关金融机构。有关部门和机构应当对存在失信行为的生产经营单位及其有关从业人员采取加大执法检查频次、暂停项目审批、上调有关保险费率、行业或职业禁入等联合惩戒措施，并向社会公示。

第八十六条第一款、第二款规定，事故调查处理应当按照科学严谨、依法依规、实事求是、注重实效的原则，及时、准确地查清事故原因，查明事故性质和责任，评估应急处置工作，总结事故教训，提出整改措施，并对事故责任单位和人员提出处理意见。事故调查报告应当依法及时向社会公布。事故调查和处理的具体办法由国务院制定。事故发生单位应当及时全面落实整改措施，负有安全生产监督管理职责的部门应当加强监督检查。

《人力资源社会保障部办公厅关于加强2018—2020年工伤保险普法宣传工作的通知》（人社厅函〔2018〕165号）第四条明确提出，要强化队伍，及时报送：各地要进一步加强工伤保险宣传队伍建设，将普法宣传培训作为工伤保险政策培训的重要内容之一。打造省、市、县多层次宣传工作人员交流平台，建立一支了解工伤法规、熟谙传播规律、善于策划运作的宣传队伍。各地在普法宣传中的好经验、好做法、典型案例、先进事迹、先进人物请及时报送部工伤保险司。

《人力资源社会保障部办公厅关于进一步做好建筑业工伤保险工作的通知》（人社厅函〔2017〕53号）第三条明确提出，要进一步强化督查通报，夯实项目参保长效工作机制：实践证明，督查、通报是推进项目参保工作的有效抓手，也是建立健全项目参保长效工作机制的关键措施。各地要进一步发挥督查对推进项目参保工作的作用，突出加强对工作进度慢、参保率回落较大地区的督查。

《人力资源社会保障部　住房城乡建设部　安全监管总局　全

国总工会关于进一步做好建筑业工伤保险工作的意见》(人社部发〔2014〕103号)规定,有关部门和工会组织要建立部门间信息共享机制,及时沟通项目开工、项目用工、参加工伤保险、安全生产监管等信息,实现建筑业职工参保等信息互联互通,为维护建筑业职工工伤权益提供有效保障。

《国家安全监管总局 国家煤矿安监局关于开展职业健康执法年活动的通知》(安监总安健〔2018〕27号)中明确提出,要加强舆论宣传:各级安全监管监察部门要充分发挥各类媒体作用,采用多种形式广泛宣传,营造有利于执法年活动开展的浓厚氛围。要加大对严重违法违规行为、重大问题的曝光力度,切实起到"曝光一起、警示一片"的效果,同时要注重宣传树立一批优秀典型,充分发挥其示范引导作用。

 小知识

事故现场的紧急处理原则是什么?

(1)发生伤害事故时,不要惊慌失措,要保持镇静,并设法维持好现场的秩序。

(2)在周围环境不危及生命的条件下,一般不要随便搬动伤员。

(3)暂不要给伤员喝任何饮料或吃任何食物。

(4)如发生意外而现场无人时,应向周围大声呼救,请求他人帮助或设法联系有关部门,不要单独留下无人照管的伤员。

（5）遇到严重事故、灾害或人员中毒时，除急救呼叫外，还应立即向当地政府应急管理部门及卫生、防疫、公安等有关部门报告，报告现场在什么地方、伤员有多少、伤情如何、做过什么处理等。

（6）伤员较多时，根据伤情对伤员分类抢救，处理的原则是先重后轻、先急后缓、先近后远。

（7）对呼吸困难、窒息和心搏停止的伤员，立即将伤员头部置于后仰位，托起下颌，使呼吸道畅通，同时施行人工呼吸、胸外心脏按压等复苏操作，原地抢救。

（8）对伤情稳定、估计转运途中不会加重伤情的伤员，应迅速组织人力，利用各种交通工具分别转运到附近的医疗机构急救。

（9）现场抢救的一切行动必须服从有关领导的统一指挥，不可各自为政。

3.3 瞄住盯紧工伤预防重点行业

3.3.1 加强工伤预防现状及变化研究分析

【相关条款】

各地要加强对工伤预防相关数据的分析，定期研究本地区工伤事故和职业病危害的现状及变化情况，研究确定工伤预防重点领域，依法确定重点项目。

【条款详解】

本条的主要内容是：明确加强工伤预防现状及变化的研究分

析,明确工伤预防重点领域和重点项目确定依据的任务。

问题1:工伤预防相关数据包括哪些内容?

工伤预防的相关数据一般包括以下内容:

(1)工伤事故情况;

(2)职工在劳动过程中发生的伤亡事故;

(3)职工的职业病状况;

(4)职业病报告情况;

(5)职业病防治情况;

(6)用人单位工作场所的职业病危害因素;

(7)用人单位工作场所工伤发生情况;

(8)重大危险源;

(9)事故隐患排查治理情况;

(10)安全生产违法行为。

《安全生产法》第四十条规定,生产经营单位应当按照国家有关规定将本单位重大危险源及有关安全措施、应急措施报有关地方人民政府应急管理部门和有关部门备案。有关地方人民政府应急管理部门和有关部门应当通过相关信息系统实现信息共享。

第四十一条第一款、第二款规定,生产经营单位应当建立安全风险分级管控制度,按照安全风险分级采取相应的管控措施。生产经营单位应当建立健全生产安全事故隐患排查治理制度,采取技术、管理措施,及时发现并消除事故隐患。事故隐患排查治理情况应当如实记录,并通过职工大会或者职工代表大会、信息公示栏等方式向从业人员通报。

第七十八条第一款规定,负有安全生产监督管理职责的部门应当建立安全生产违法行为信息库,如实记录生产经营单位及其有关从业人员的安全生产违法行为信息。

《中华人民共和国劳动法》(以下简称《劳动法》)第五十七条规定,县级以上各级人民政府劳动行政部门、有关部门和用人单位应当依法对劳动者在劳动过程中发生的伤亡事故和劳动者的职业病状况,进行统计、报告和处理。

《职业病防治法》第十六条第二款规定,用人单位工作场所存在职业病目录所列职业病的危害因素的,应当及时、如实向所在地卫生行政部门申报危害项目,接受监督。

问题2:为什么要加强对工伤预防相关数据的分析?

工伤预防是建立健全工伤预防、工伤康复和工伤补偿"三位一体"工伤保险制度体系的重要内容。加强对工伤预防相关数据的分析,能够为制定工伤预防措施提供可靠的科学依据,为巩固工伤预防体系建立信息支撑。

《职业病防治法》第十二条第二款规定,国务院卫生行政部门应当组织开展重点职业病监测和专项调查,对职业健康风险进行评估,为制定职业卫生标准和职业病防治政策提供科学依据。

《劳动法》第五十七条规定,国家建立伤亡事故和职业病统计报告和处理制度。

《使用有毒物品作业场所劳动保护条例》第六条规定,加强对有关职业病的机理和发生规律的基础研究,提高有关职业病防治科学技术水平。

问题 3：为什么要分区域、定期研究工伤事故和职业病危害的现状及变化情况？

在不同地区、不同时期，由于存在的危险有害因素不同，工伤预防的重点也随之不同，凸显出地域性、时效性的特点。尤其现如今社会发展变化很快，国家和政府随着社会发展形势的变化不断对出台的政策进行调整，工伤预防的相关工作也需紧跟社会发展、科技进步、政策调整而做出相应的调整。

《安全生产法》第八条第一款规定，国务院和县级以上地方各级人民政府应当根据国民经济和社会发展规划制定安全生产规划，并组织实施。安全生产规划应当与国土空间规划等相关规划相衔接。

第十一条第一款规定，国务院有关部门应当按照保障安全生产的要求，依法及时制定有关的国家标准或者行业标准，并根据科技进步和经济发展适时修订。

第三十七条第一款规定，生产经营单位对重大危险源应当登记建档，进行定期检测、评估、监控，并制定应急预案，告知从业人员和相关人员在紧急情况下应当采取的应急措施。

《职业病防治法》第十二条第三款规定，县级以上地方人民政府卫生行政部门应当定期对本行政区域的职业病防治情况进行统计和调查分析。

《尘肺病防治条例》第二十条规定，各企业、事业单位必须贯彻执行职业病报告制度，按期向当地卫生行政部门、劳动部门、工会组织和本单位的主管部门报告职工尘肺病发生和死亡情况。

小资料

工矿商贸企业职业卫生统计内容为：从业人员数、接触职业病危害因素人数、合同告知职业病危害人数、建立职业健康监护档案人数、职业病危害作业岗位数、设置警示标识岗位数、应职业卫生培训人数、实际职业卫生培训人数、应职业健康检查人数、实际职业健康检查人数、职业病危害申报情况、主要负责人职业卫生培训情况、检测点数、达标点数、专职职业卫生管理人员数、兼职职业卫生管理人员数、应职业病危害预评价项目数、实际职业病危害预评价项目数、应职业病危害控制效果评价项目数、实际职业病危害控制效果评价项目数、新增职业病病例数、累计职业病病例数。

小知识

职业卫生统计是统计学的一个重要分支，是以职业卫生学的理论为指导，运用统计学原理和方法，通过对用人单位职业卫生数据的汇总与统计分析，定量反映用人单位的职业卫生的历史、现状及其发展趋势，从而为制定职业卫生相关法规、政策等提供科学依据，最终实现服务职业卫生监管、监察等工作的目的。

3.3.2 确定工伤预防重点行业、重点领域、重点项目

【相关条款】

本期计划主要围绕工伤事故和职业病高发的危险化学品、矿

山、建筑施工、交通运输、机械制造等重点行业企业开展。各地可结合实际明确本地区重点行业、重点领域。

【条款详解】

本条的主要内容是：明确结合实际，确定工伤预防重点行业、重点领域、重点项目的任务。

问题1：对计划主要围绕的重点行业有哪些工伤预防要求？

计划主要围绕危险化学品、矿山、建筑施工、交通运输、机械制造等重点行业企业开展，我国法律法规对这些行业企业的工伤预防要求主要体现在两方面：加强安全生产和参加工伤保险。

《安全生产法》第二十四条规定，矿山、金属冶炼、建筑施工、运输单位和危险物品的生产、经营、储存、装卸单位，应当设置安全生产管理机构或者配备专职安全生产管理人员。

第五十一条规定，生产经营单位必须依法参加工伤保险，为从业人员缴纳保险费。国家鼓励生产经营单位投保安全生产责任保险；属于国家规定的高危行业、领域的生产经营单位，应当投保安全生产责任保险，具体实施办法由国务院应急管理部门会同国务院财政部门、国务院保险监督管理机构和相关行业主管部门制定。

第八十二条规定，危险物品的生产、经营、储存单位以及矿山、金属冶炼、城市轨道交通运营、建筑施工单位应当建立应急救援组织；生产经营规模较小的，可以不建立应急救援组织，但应当指定兼职的应急救援人员。危险物品的生产、经营、储存、运输单位以及矿山、金属冶炼、城市轨道交通运营、建筑施工单位应当配备必要的应急救援器材、设备和物资,并进行经常性维护、保养,保证正常运转。

问题 2:重点行业工伤预防中关注哪些重点领域或重点项目?

在化工生产、矿山作业、建筑施工、交通运输、机械制造等重点行业的生产作业中,一般都存在作业环境复杂、危险有害因素繁多、作业设备危险系数高等容易引发作业人员受伤的安全隐患。所以需要重点关注的方面主要有:

(1)矿山建设项目或生产、储存、运输、装卸危险物品的建设项目;

(2)各个重点行业生产作业过程中使用的设施设备,以及特种设备;

(3)危险品的废弃处置作业;

(4)各种安全设施设备。

《安全生产法》第三十二条规定,矿山、金属冶炼建设项目和用于生产、储存、装卸危险物品的建设项目,应当按照国家有关规定进行安全评价。

第三十四条规定,矿山、金属冶炼建设项目和用于生产、储存、装卸危险物品的建设项目的施工单位必须按照批准的安全设施设计施工,并对安全设施的工程质量负责。矿山、金属冶炼建设项目和用于生产、储存、装卸危险物品的建设项目竣工投入生产或者使用前,应当由建设单位负责组织对安全设施进行验收;验收合格后,方可投入生产和使用。负有安全生产监督管理职责的部门应当加强对建设单位验收活动和验收结果的监督核查。

第三十七条规定，生产经营单位使用的危险物品的容器、运输工具，以及涉及人身安全、危险性较大的海洋石油开采特种设备和矿山井下特种设备，必须按照国家有关规定，由专业生产单位生产，并经具有专业资质的检测、检验机构检测、检验合格，取得安全使用证或者安全标志，方可投入使用。检测、检验机构对检测、检验结果负责。

第三十九条规定，生产、经营、运输、储存、使用危险物品或者处置废弃危险物品的，由有关主管部门依照有关法律、法规的规定和国家标准或者行业标准审批并实施监督管理。生产经营单位生产、经营、运输、储存、使用危险物品或者处置废弃危险物品，必须执行有关法律、法规和国家标准或者行业标准，建立专门的安全管理制度，采取可靠的安全措施，接受有关主管部门依法实施的监督管理。

小知识

（1）矿山行业工伤预防工作重点关注的职业病危害因素主要有生产性粉尘、有害气体、不良气象条件、其他危害因素（如噪声、振动等）。

（2）机械制造行业工伤预防工作重点关注的职业病危害因素主要有生产性粉尘、高温和辐射热、有害气体、噪声、振动、紫外线、重体力劳动、外伤、烫伤等。

（3）化工行业工伤预防工作重点关注的职业病危害因素主要有高温、高压、易燃物品、易爆物品、腐蚀性物品、有毒有害危险化学品等。

（4）交通运输行业工伤预防工作重点关注的职业病危害因素主要有疲劳驾驶、不遵守交通秩序、恶劣天气和环境、不良路面等。

（5）建筑施工工伤预防工作重点关注的职业病危害因素主要有：高处坠落、物体打击、触电、机械伤害、坍塌等。

小提示

《人力资源社会保障部　财政部　国家卫生计生委　国家安全监管总局关于印发工伤预防费使用管理暂行办法的通知》（人社部规〔2017〕13号）第七条规定，统筹地区人力资源社会保障部门应会同财政、卫生计生、安全监管部门以及本辖区内负有安全生产监督管理职责的部门，根据工伤事故伤害、职业病高发的行业、企业、工种、岗位等情况，统筹确定工伤预防的重点领域，并通过适当方式告知社会。

《劳动和社会保障部　国家安全生产监督管理总局　国防科学技术工业委员会关于贯彻〈安全生产许可证条例〉做好企业参加工伤保险有关工作的通知》（劳社部发〔2005〕8号）第一条规定，按照《安全生产法》《工伤保险条例》和《安全生产许可证条例》的规定，矿山、危险化学品、烟花爆竹、民用爆破器材生产等企业（以下简称企业）应高度重视安全生产工作，依法参加工伤保险，按时、足额为所有从业人员缴纳工伤保险费。企业应将参保情况及时在本单位内公示。企业和职工应当遵守有关安全生产和职业病防治的法律法规，执行安全卫生规程和标准，预防工伤事故发生，避免和减少职业病危害。

3.4 全面加强工伤预防宣传

3.4.1 多平台、抓重点开展工伤预防针对性宣传

【相关条款】

充分发挥主流媒体和新媒体作用，充分发挥各部门和有关行业企业的宣传作用，抓住重点时段、重要节点、重大事件开展有针对性宣传。

【条款详解】

本条的主要内容是：明确通过媒体开展工伤预防宣传工作，多平台、抓重点开展工伤预防针对性宣传的任务。

问题1：如何利用主流媒体和新媒体开展工伤预防宣传？

加大对工伤预防宣传的力度，提升用人单位、从业人员以及全社会的工伤预防意识，有助于工伤预防工作的顺利开展。利用主流媒体和新媒体对工伤预防的相关知识内容进行大力宣传，可以有效提高工伤预防的普及程度。

《安全生产法》第十三条规定，各级人民政府及其有关部门应当采取多种形式，加强对有关安全生产的法律、法规和安全生产知识的宣传，增强全社会的安全生产意识。

第七十七条规定,新闻、出版、广播、电影、电视等单位有进行安全生产公益宣传教育的义务,有对违反安全生产法律、法规的行为进行舆论监督的权利。

《国家安全监管总局 中共中央宣传部 教育部 文化部 国家新闻出版广电总局 中华全国总工会 共青团中央 全国妇联关于加强全社会安全生产宣传教育工作的意见》(安监总宣教〔2016〕42号)第三条意见明确提出,要统筹协调所属主流媒体加大安全生产宣传教育力度,推动中央和地方党报、党刊、电视台、广播台等分别开设安全生产宣传教育固定栏目,增加版面、时段和频次。中央主流媒体要主动策划,创新方式手段,把握时度效,推出一批有影响力的新闻报道。要统一技术标准和基本规范,建设安全生产网站群,实现优势互补和工作联动。创新网站宣传形式,多用数字化、图表、音频、视频等展现信息。拓展网站互动服务功能,办好公众建言献策专栏和情景化导航服务系统。建立安全法规标准、事故案例、视频课程、统计数据等信息资源库,为公众查询提供服务。与门户网站建立共建共享工作机制,提升安全生产信息传播力影响力。市(地)级以上安全监管监察部门要开通安全生产政务微信、微博、新闻客户端和手机报,充分发挥新媒体交互性、贴近性等特点,坚持同一内容多媒体生产、多渠道传播、多形态展现,努力做到"用户在哪里,我们就覆盖到哪里"。要团结安全生产专家学者和责任感强、影响力大、受众面广的网络名人,强化互粉互联。要强化安全生产网络评论工作,正确引领网上舆论。

问题 2：工伤预防宣传工作的责任主体有哪些？

一般来说，负有工伤预防宣传责任的主体包括各级人民政府、人力资源社会保障部门、职业卫生监督管理部门、安全生产监督管理部门、相关协会组织、用人单位、工会组织等。

《安全生产法》第十三条规定，各级人民政府及其有关部门应当采取多种形式，加强对有关安全生产的法律、法规和安全生产知识的宣传。

第十四条规定，有关协会组织依照法律、行政法规和章程，为生产经营单位提供安全生产方面的信息、培训等服务。

《职业病防治法》第十一条规定，县级以上人民政府职业卫生监督管理部门应当加强对职业病防治的宣传教育。

《中华人民共和国道路交通安全法》（以下简称《道路交通安全法》）第六条规定，公安机关交通管理部门及其交通警察执行职务时，应当加强道路交通安全法律、法规的宣传，并模范遵守道路交通安全法律、法规。各级人民政府应当经常进行道路交通安全教育，提高公民的道路交通安全意识。机关、部队、企业事业单位、社会团体以及其他组织，应当对本单位的人员进行道路交通安全教育。教育行政部门、学校应当将道路交通安全教育纳入法制教育的内容。

《使用有毒物品作业场所劳动保护条例》第八条第一款规定，工会组织应当督促并协助用人单位开展职业卫生宣传教育和培训，对用人单位的职业卫生工作提出意见和建议。

问题 3：工伤预防针对性宣传可以选择哪些重点时段、重要节点、重大事件开展？

重点时段一般根据季节或事故多发时段进行确定，比如夏季容易引发高温中暑，应加强对预防中暑相关知识的宣传普及。工伤预防宣传工作可选择在安全生产月、生产项目建设阶段中的重要时间点等作为宣传的重要节点。重大事件主要包括发生的工伤或安全生产事故、隐患排查工作、安全评价或验收工作等。

《国家安全监管总局 中共中央宣传部 教育部 文化部 国家新闻出版广电总局 中华全国总工会 共青团中央 全国妇联关于加强全社会安全生产宣传教育工作的意见》（安监总宣教〔2016〕42号）第二条意见明确提出，要重点做好生产安全事故的警示教育：要围绕容易发生重特大事故的行业领域、重点时间节点、关键薄弱环节，强化季节性动向性安全生产预防预警宣传。要突出应急响应、事故原因分析、问题整改和人文关怀，及时准确公开重特大典型事故的信息，稳妥做好生产安全事故报道。要突出事故原因剖析、事故教训警示，提醒各地举一反三、严防类似事故发生，切实做到一地出事故、全国受教育。

第三条意见提出，要在重要时间节点开展安全生产主题采访活动，形成规模效应。要认真做好重特大生产安全事故的应急报道和舆论引导，确保舆情平稳有序，维护社会稳定和人心安定，维护党和政府的形象。

第五条意见提出，要认真开展全国"安全生产月"和"安全生产万里行"活动：要以"安全生产月"为契机，组织开展安全生产宣传咨询日，文艺巡演，书法、绘画和摄影作品展览，安全生产公开课、安全生产巡回演讲、安全生产主题征文等丰富多彩的宣传教育活动。

 小资料

> 《人力资源社会保障部办公厅关于加快推进建筑业工伤保险工作的通知》(人社厅发〔2016〕43号)第七条明确提出,要加强宣传培训,提升工伤保险参保积极性和社会知晓度:要充分运用传统媒体、新媒体等手段,高密度开展建筑业从业人员特别是农民工喜闻乐见的宣传活动。已开展工伤预防试点的地区,可使用工伤预防经费对宣传培训活动予以必要经费保障,其他地区应由同级人力资源社会保障部门作出经费安排。

 小知识

工伤预防宣传工作可选择在全国交通安全反思日、世界安全生产与健康日、消防安全日、安全生产月开展。

全国交通安全反思日为每年的4月30日,是我国为唤起人们关注交通事故正在夺去大量生命这一事实而设定的。

2001年,国际劳工组织(ILO)正式将4月28日定为"世界安全生产与健康日",并作为联合国官方纪念日。

我国的消防安全日为11月9日,与我国火警电话"119"相同,这样可以增加全民的消防安全意识,使"119"更加深入人心。

我国的安全生产月为每年的 6 月。

 小提示

用人单位不仅要关注重要时段、重要节点、重大事件的针对性宣传，更应关注重要场所（位置），或者说在一些关键场所（位置），进行工伤预防的宣传工作。

《安全生产法》第三十五条规定，生产经营单位应当在有较大危险因素的生产经营场所和有关设施、设备上，设置明显的安全警示标志。

《职业病防治法》第二十四条规定，产生职业病危害的用人单位，应当在醒目位置设置公告栏，公布有关职业病防治的规章制度、操作规程、职业病危害事故应急救援措施和工作场所职业病危害因素检测结果。对产生严重职业病危害的作业岗位，应当在其醒目位置设置警示标识和中文警示说明。

3.4.2 立足职业健康，多形式宣传工伤预防知识

【相关条款】

要从关注关爱职工群众生命安全和职业健康的视角，运用影音视频、图标图解、典型案例、身边工伤事件等群众易于接受、感染力强的形式，宣传职业病防治、安全生产、交通事故防范、心脑血管疾病防治等方面的知识，不断提高职工群众的工伤预防意识和自我保护意识。

【条款详解】

本条的主要内容是：明确工伤预防的重点是职工群众的生命安全和职业健康，要运用多种呈现形式宣传工伤预防知识，不断提高职工群众的工伤预防意识和自我保护意识的任务。

问题1：如何从职业健康的视角出发开展工伤预防宣传工作？

工伤预防宣传工作应依据"以人为本"的原则开展，重点关注劳动者的生命安全和职业健康。

《安全生产法》第三条第二款规定，安全生产工作应当以人为本，坚持人民至上、生命至上，把保护人民生命安全摆在首位，树牢安全发展理念，坚持安全第一、预防为主、综合治理的方针，从源头上防范化解重大安全风险。

《职业病防治法》第十一条规定，县级以上人民政府职业卫生监督管理部门应当加强对职业病防治的宣传教育，普及职业病防治的知识，增强用人单位的职业病防治观念，提高劳动者的职业健康意识、自我保护意识和行使职业卫生保护权利的能力。

第四十条第一款规定，工会组织应当督促并协助用人单位开展职业卫生宣传教育和培训，有权对用人单位的职业病防治工作提出意见和建议，依法代表劳动者与用人单位签订劳动安全卫生专项集体合同，与用人单位就劳动者反映的有关职业病防治的问题进行协调并督促解决。

问题2：如何运用影音视频等多种形式进行工伤预防宣传？

在工伤预防宣传中，使用影音视频、图标图解等生动形象、感染力强的宣传形式，能够使职工等受众更容易接受；而典型案例、身边工伤事件等在工伤预防宣传中的运用，更容易让劳动者认识到工伤预防的重要性,以提高自身的工伤预防意识。

《国家安全监管总局 中共中央宣传部 教育部 文化部 国家新闻出版广电总局 中华全国总工会 共青团中央 全国妇联关于加强全社会安全生产宣传教育工作的意见》(安监总宣教〔2016〕42号)第三条意见明确提出,要创新网站宣传形式,多用数字化、图表、音频、视频等展现信息。拓展网站互动服务功能,办好公众建言献策专栏和情景化导航服务系统。建立安全法规标准、事故案例、视频课程、统计数据等信息资源库,为公众查询提供服务。与门户网站建立共建共享工作机制,提升安全生产信息传播力影响力。

第五条意见明确提出,要推动相关专业团队创作安全生产主题公益广告、影视剧、动漫、微视频、游戏等作品,分门别类地宣传普及企业、机关、社区、家庭等安全生产知识。要搭建平台、加强指导,积极扶持安全生产广播、电视节目以及电影、电视剧的制作和播出,定期开展安全生产优秀剧目、图书、影视片、音乐作品评选推介活动,定期开展安全生产好新闻评选和优秀作品展映展播。要鼓励开展群众性安全生产文艺活动,通过举办群众喜闻乐见的专题晚会、巡回演出、文艺汇演等普及安全生产知识。

问题3:工伤预防宣传的主要内容有哪些?

(1)职业病防治知识。一般包括职业病危害因素的公示和介绍、职业卫生基础知识、粉尘的危害与控制、职业中毒的防治、劳动防护用品的管理与使用、常见职业病危害事故的应急救护等相关内容。

（2）安全生产知识。各种安全生产的法律法规、规章制度以及劳动者的个人权利与义务，作业中用到的各种设备的安全使用规定和注意事项等。

（3）交通事故防范知识。交通秩序一般规定、机动车运输载货规定、交通事故的应急处置知识等。

《安全生产法》第十三条规定，各级人民政府及其有关部门应当采取多种形式，加强对有关安全生产的法律、法规和安全生产知识的宣传，增强全社会的安全生产意识。

《职业病防治法》第十一条规定，县级以上人民政府职业卫生监督管理部门应当加强对职业病防治的宣传教育，普及职业病防治的知识，增强用人单位的职业病防治观念，提高劳动者的职业健康意识、自我保护意识和行使职业卫生保护权利的能力。

《道路交通安全法》第六条第一款规定，各级人民政府应当经常进行道路交通安全教育，提高公民的道路交通安全意识。

 小资料

《国家安全监管总局　中共中央宣传部　教育部　文化部　国家新闻出版广电总局　中华全国总工会　共青团中央　全国妇联关于加强全社会安全生产宣传教育工作的意见》（安监总宣教〔2016〕42号）第一条意见指出，我国安全生产状况虽然总体向好，但仍处于事故的多发期易发期，重特大事故多发势头尚未得到有效遏制。全社会的安全素质虽然明显提升，但安全发展观念和安全红线意识树立得还不够牢，安全知识和技能水平总体偏低，违章指挥、违规作业、违反劳动纪律的问题时有发生，由人的不安全行为酿成的事故占事故总量90%左右。深入加强全社会安全生产宣传教育工作，对于凝聚全社会安全发展共识，提升全民安全文明水平，有效防范遏制重特大事故、继续减少事故总量、增强群众安全感具有重要意义。

 小知识

用人单位可选择在产生或存在职业病危害因素的工作场所、作业岗位、设备、材料（产品）包装、储存场所设置相应的警示标识，以进行工伤预防宣传。职业病危害警示标识是指在工作场所中设置的可以提醒劳动者对职业病危害产生警觉并采取相应防护措施的图形标识、警示语句、警示说明以及组合使用的标识等。产生职业病危害的工作场所，应当在工作场所入口处及产生职业病危害的作业岗位或设备附近的醒目位置设置警示标识。警示标识包括图形标识、警示语句、警示说明等。

小提示

《职业病防治法》第二十四条规定,产生职业病危害的用人单位,应当在醒目位置设置公告栏,公布有关职业病防治的规章制度、操作规程、职业病危害事故应急救援措施和工作场所职业病危害因素检测结果。对产生严重职业病危害的作业岗位,应当在其醒目位置,设置警示标识和中文警示说明。警示说明应当载明产生职业病危害的种类、后果、预防以及应急救治措施等内容。

3.4.3 鼓励企业设立工伤预防警示教育基地

【相关条款】

鼓励工伤事故和职业病高发易发企业设立工伤预防警示教育基地。

【条款详解】

本条的主要内容是:明确工伤事故和职业病高发易发企业设立工伤预防警示教育基地,进一步落实全面加强工伤预防宣传的任务。

问题:如何利用工伤预防警示教育基地进行工伤预防宣传?

设立工伤预防警示教育基地,在基地内部设置工伤预防知识宣传栏或展馆,展示各种工伤预防知识、个人防护设备等;应用现代科技手段,如 VR 仿真技术,构建仿真模拟体验馆,用于体验各类工伤事故并学习自救互救知识;多角落播放工伤预防科普视频,构建人机交互答题界面,加大工伤预防科普力度。

《国务院安委会办公室关于大力推进安全生产文化建设的指导意见》(安委办〔2012〕34号)第八条明确提出,要推进国家和地方安全教育(警示)基地,以及安全文化主题公园、主题街道建设。积极应用现代科技手段,融知识性、直观性、趣味性为一体,鼓励推动各地区、各行业领域及企业建设特色鲜明、形象逼真、触动心灵、效果突出的安全生产宣传教育展馆,提高社会公众对安全知识的感性认识,增强安全防范意识和技能。

《国家安全监管总局关于印发安全文化建设"十二五"规划的通知》(安监总政法〔2011〕172号)第四条明确提出,要加快建设安全知识展览馆、仿真模拟体验馆、影视教育馆和图书资料馆等,构建国家、地方和企业安全教育示范(警示)基地。积极推进仿真模拟体验馆建设,应用现代科技手段,融知识性、直观性、趣味性为一体,在仿真环境中体验各类安全事故,从中了解事故发生的机理,模拟演练事故预防和自救互救方法,学习有关安全科普知识和防范技能。

 小案例

作为山东省工伤预防试点城市,东营市自2016年起着力建设了工伤预防综合警示教育基地和工伤预防示范教育基地,集"参观、体验、宣传、培训"为一体,涵盖全部工伤预防知识,体验方式丰富多彩,设置政策宣教、案例警示、安全体验、VR体验等多个功能区。优选了10家培训机构开展科学专业的标准化培训，累计组织培训 940 余场，培训 10 万余人次。举办专题文艺晚会，自主制作微视频、微电影，组织知识竞答、有奖征文，线上线下同步推进，参与者近 40 万人次，传播量近百万条。

"青岛市工伤预防教育培训基地"为全国首家"工伤预防场景式"线下安全体验基地。该基地是一家实现感官体验与培训实践紧密衔接的综合体验场所，基地设施涵盖交通、消防、建筑施工、机械制造、密闭空间作业等 10 余个现场体验馆，通过身临其境的体验，达到"一次体验、终身受用"的交互式培训效果。

3.5 深入推进工伤预防培训

3.5.1 重点行业重点企业工伤预防培训全覆盖

【相关条款】

实施重点行业重点企业工伤预防（安全生产、职业病防治）能力提升培训工程，重点培训重点行业重点企业分管负责人、安全管理部门主要负责人和一线班组长等重点岗位人员，2025 年底前实现上述人员培训全覆盖。

【条款详解】

本条的主要内容是：强调重点行业重点企业对从业人员的工伤预防能力进行培训，明确从安全生产和职业病防治两个方面着手，同时明确重点培训对象，以及人员培训全覆盖的任务。

问题1：工伤预防能力提升培训工程实施的总体要求是什么？

工伤预防能力提升的培训工程应从安全生产和职业病防治两个方面着手开展。

（1）安全生产方面

按照《国务院办公厅关于印发职业技能提升行动方案（2019—2021年）的通知》（国办发〔2019〕24号）要求，为认真实施高危行业领域安全技能提升行动计划，《应急管理部办公厅关于扎实推进高危行业领域安全技能提升行动的通知》（应急厅〔2020〕34号）中，就扎实推进高危行业领域安全技能提升行动提出阶段性要求。通知要求，严格落实先培训后上岗和持证上岗制度。各级应急管理部门和煤矿安全培训主管部门要督促危险化学品、煤矿、非煤矿山、金属冶炼、烟花爆竹等高危行业企业认真研究制定并组织实施本企业安全技能提升行动方案，大力开展安全技能培训。加大高危行业企业主要负责人、安全管理人员、特种作业人员培训考试服务力度，优先安排企业新任职、新招录人员参加培训考试。

《安全生产法》第二十一条规定，生产经营单位的主要负责人对本单位生产工作负有组织制定并实施本单位安全生产教育和培训计划的职责。

第二十五条规定，生产经营单位的安全生产管理机构以及安全生产管理人员履行组织或者参与本单位安全生产教育和培训，如实记录安全生产教育和培训情况的职责。

《安全生产培训管理办法》（国家安全生产监督管理总局第80号令）第十条规定，生产经营单位应当建立安全培训管理制度，保障从业人员安全培训所需经费，对从业人员进行与其所从事岗位相应的安全教育培训。从业人员安全培训的时间、内容、参加人员以及考核结果等情况，生产经营单位应当如实记录并建档备查。

（2）职业病防治方面

《国家安全监管总局办公厅关于加强用人单位职业卫生培训工作的通知》（安监总厅安健〔2015〕121号）第二点指出，要以"强化红线意识、促进职业健康"为工作主线，以贯彻落实《职业病防治法》为主要内容，实施分类培训，突出重点行业、重点岗位和重点人群，进一步明确职业卫生培训内容，改进培训方法，提升培训的针对性和实用性，提高用人单位主要负责人、职业卫生管理人员的法治意识和管理水平，提升劳动者的自我防护意识和能力，为防治职业病危害提供保障与支持。

《劳动法》第五十二条规定，用人单位必须建立、健全劳动安全卫生制度，严格执行国家劳动安全卫生规程和标准，对劳动者进行劳动安全卫生教育，防止劳动过程中的事故，减少职业危害。

《职业病防治法》第三十四条规定，用人单位的主要负责人和职业卫生管理人员应当接受职业卫生培训，遵守职业病防治法律、法规，依法组织本单位的职业病防治工作。用人单位应对劳动者进行上岗前的职业卫生培训和在岗期间的定期职业卫生培训，普及职业卫生知识，督促劳动者遵守职业病防治法律、法规、规章和操作规程，指导劳动者正确使用职业病防护设备和个人使用的职业病防护用品。

问题 2：如何开展重点岗位人员的工伤预防技能提升培训？

（1）重点岗位人员的安全生产能力提升培训应根据岗位特点，有针对性地开展，逐渐实现人员培训全覆盖

《应急管理部 人力资源和社会保障部 教育部 财政部 国家煤矿安全监察局关于高危行业领域安全技能提升行动计划的实施意见》（应急〔2019〕107号）中明确指出，有针对性地开展安全技能培训，将安全生产知识贯穿各类人员职业培训全过程。

1）开展在岗员工安全技能提升培训。高危企业是安全技能提升培训的责任主体，企业主要负责人要组织制定并推动实施安全技能提升培训计划，培训计划要覆盖全员。要分岗位对全体员工考核一遍，考核不合格的，按照新上岗人员培训标准离岗培训，考核合格后再上岗。

2）严把新上岗员工安全技能培训关。高危企业新上岗人员安全生产与工伤预防培训不得少于72学时，考核合格后方可上岗。要加大从职业院校招收新员工力度，逐步提高从业人员中高中阶段及以上文化程度的招收比例。工作岗位调整或离岗3个月以上重新上岗的人员要接受针对性安全培训，考核合格方可重新上岗。

3）实施班组长安全技能提升专项培训。省级应急管理等相关培训主管部门要统筹制定总体方案，明确目标进度、培训内容、考核形式、实施主体、保障措施等。实行企业内安全培训、职业技能培训等学习成果互认。

4）强化特种作业人员安全技能培训考试。各企业要依法明确从事特种作业岗位的人员，新任用或招录特种作业人员要参加专门的安全技能培训，考试合格后持证上岗。严格特种作业人员理

论和实际操作培训课时要求，鼓励企业建立特种作业人员培训考试点。

《安全生产法》第二十八条规定，生产经营单位应当对从业人员进行安全生产教育和培训。生产经营单位使用被派遣劳动者的，应当将被派遣劳动者纳入本单位从业人员统一管理，对被派遣劳动者进行岗位安全操作规程和安全操作技能的教育和培训。劳务派遣单位应当对被派遣劳动者进行必要的安全生产教育和培训。生产经营单位接收中等职业学校、高等学校学生实习的，应当对实习学生进行相应的安全生产教育和培训，提供必要的劳动防护用品。学校应当协助生产经营单位对实习学生进行安全生产教育和培训。

（2）职业病防治能力提升培训应纳入安全生产培训工作中，实现安全培训和职业卫生培训一体化

《国家安全监管总局办公厅关于加强用人单位职业卫生培训工作的通知》（安监总厅安健〔2015〕121号）第四点指出，要逐步推进职业卫生培训与安全生产培训一体化：各地区要根据工作实际，推进安全培训与职业卫生培训一体化，提高培训效率，减轻用人单位负担。保证参加职业卫生培训的时间不少于总学时的30%，继续教育时职业卫生培训不少于20%。经考核合格后，在合格证中注明职业卫生培训内容和培训学时，不再单独进行职业卫生培训。

第六点指出，用人单位要根据行业和岗位特点，制定培训计划，确定培训内容和培训学时。没有能力组织职业卫生培训的用人单位，可以委托培训机构开展职业卫生培训。

问题3：如何保障工伤预防能力提升培训工程的实施？

对于工伤预防能力提升培训工程的实施，应予以一定的措施进行强化保障。

根据《应急管理部 人力资源社会保障部 教育部 财政部 国家煤矿安全监察局关于高危行业领域安全技能提升行动计划的实施意见》（应急〔2019〕107号），不断推进职业卫生培训与安全生产培训一体化，安全生产培训的强化保障措施同样适用于职业卫生培训。因此，安全技能提升培训的强化保障措施如下：

（1）强化组织领导保障

各省级应急管理部门要会同人力资源社会保障、教育、财政、煤矿安全等相关培训主管部门研究制定本地区高危行业领域安全技能提升培训行动计划实施方案。强化政策解读和宣传，注重总结经验、推广典型，层层培育示范企业、示范院校、示范基地。

（2）落实职业培训补贴政策

要将高危行业领域安全技能提升培训行动计划中相关内容纳入职业技能提升行动，细化有关资金补贴条件和具体标准。高危企业要在职工教育培训经费、安全生产费用预算中配套安排安全技能培训资金，用于一般从业人员的安全技能培训。

（3）加大执法检查力度

各级应急管理部门等相关部门要把企业安全培训纳入年度执法计划，规范安全培训执法程序和方法，将抽查企业培训计划、持证情况、抽考安全生产常识作为培训执法重要内容。

《安全生产培训管理办法》第六条规定，安全培训应当按照规定的安全培训大纲进行。安全培训大纲由国家安全监管总局、国家煤矿安监局等部门组织制定。

第七条规定，国家安全监管总局、省级安全生产监督管理部门定期组织优秀安全培训教材的评选。安全培训机构应当优先使用优秀安全培训教材。

《安全生产法》第四十七条规定，生产经营单位应当安排用于配备劳动防护用品、进行安全生产培训的经费。

第五十一条规定，生产经营单位必须依法参加工伤保险，为从业人员缴纳保险费。国家鼓励生产经营单位投保安全生产责任保险。属于国家规定的高危行业、领域的生产经营单位应当投保安全生产责任保险。具体范围和实施办法由国务院应急管理部门会同国务院财政部门、国务院保险监督管理机构和相关行业主管部门制定。

《职业病防治法》第四十条规定，工会组织应当督促并协助用人单位开展职业卫生宣传教育和培训，有权对用人单位的职业病防治工作提出意见和建议。

第四十一条规定，用人单位按照职业病防治要求，用于预防和治理职业病危害、工作场所卫生检测、健康监护和职业卫生培训等费用，按照国家有关规定，在生产成本中据实列支。

小资料

《应急管理部　人力资源社会保障部　教育部　财政部　国家煤矿安全监察局关于高危行业领域安全技能提升行动计划的实施意见》（应急〔2019〕107号）中设定的目标任务中

包括：高危企业在岗和新招录从业人员100%培训考核合格后上岗；特种作业人员100%持证上岗；高危企业班组长普遍接受安全技能提升培训，其中取得职业资格证书或职业技能等级证书或接受相关专业中职及以上学历教育的人员比例提高20个百分点以上；化工危险化学品、煤矿、金属非金属地下矿山、金属冶炼、石油天然气开采企业从业人员中取得职业资格证书或职业技能等级证书的比例达到30%以上。

 小提示

《生产经营单位安全培训规定》第九条规定，生产经营单位主要负责人和安全生产管理人员初次安全培训时间不得少于32学时，每年再培训时间不得少于12学时。煤矿、非煤矿山、危险化学品、烟花爆竹、金属冶炼等生产经营单位主要负责人和安全生产管理人员初次安全培训时间不得少于48学时，每年再培训时间不得少于16学时。

第十三条规定，生产经营单位新上岗的从业人员，岗前安全培训时间不得少于24学时。煤矿、非煤矿山、危险化学品、烟花爆竹、金属冶炼等生产经营单位新上岗的从业人员安全培训时间不得少于72学时，每年再培训的时间不得少于20学时。

第十七条规定，从业人员在本生产经营单位内调整工作岗位或离岗一年以上重新上岗时，应当重新接受车间（工段、区、队）和班组级的安全培训。生产经营单位采用新工艺、新技术、新材料或者使用新设备时，应当对有关从业人员重新进行有针对性的安全培训。

《国家安全监管总局办公厅关于加强用人单位职业卫生培训工作的通知》（安监总厅安健〔2015〕121号）第六点指出，用人单位主要负责人初次培训不得少于16学时，继续教育不得少于8学时。职业卫生管理人员初次培训不得少于16学时，继续教育不得少于8学时。职业病危害监测人员的培训，可以参照职业卫生管理人员的要求执行。接触职业病危害的劳动者初次培训时间不得少于8学时，继续教育不得少于4课时。

3.5.2 开设工伤预防课程，明确必修内容

【相关条款】

技工院校要全面开设工伤预防课程，将安全生产、职业病防治与工伤预防的政策法规、安全生产事故与工伤事故防范知识、工伤事故与职业病警示教育等内容作为工伤预防培训必修内容。

【条款详解】

本条的主要内容是：强调全面开设工伤预防课程，明确工伤预防培训的必修内容。

问题1：如何开设工伤预防课程？

根据《应急管理部　人力资源社会保障部　教育部　财政部　国家煤矿安全监察局关于高危行业领域安全技能提升行动计划的

实施意见》(应急〔2019〕107号),结合安全培训和职业卫生培训一体化,工伤预防课程应按照以下方式开设:

(1)鼓励有能力的企业设立职工培训中心、编制课程体系、建立考核标准和题库,自主组织安全技能提升培训考核;其他不具备能力的企业要委托有能力的企业或机构,提供长期、量身定制的培训考核服务。

(2)应急管理、人力资源社会保障和教育部门要联合遴选公布一批安全技能提升培训能力和意愿较强的示范职业院校,引导强化高危行业安全技能培训供给。经常举办高危行业产教融合对接洽谈活动,推动一批化工园区与职业院校建立产教联盟,推动一批职业院校在高危企业设立分校区。

(3)建设安全生产网络平台和机制。应急管理部门要引导各类力量参与,建设企业安全生产网络学院和高危行业分院,建立完善课程超市和自主选学机制。

(4)强化专兼职师资队伍建设。高危企业要建立健全内部培训师选拔、考核和退出机制,大力推动管理、技术人员和能工巧匠上讲台,并给予授课技巧培训和基本课件、通用案例等支持。

(5)应急管理部门、煤矿安全培训主管部门要按照看得懂、记得住、用得上原则,开发分层次、分专业、分岗位的教材体系,倡导使用新型活页式、工作手册式教材,鼓励企业编写企业内部培训教材。

问题2:各类从业人员的工伤预防培训内容有哪些?

根据《安全生产法》《职业病防治法》《劳动法》《生产经营单位安全培训规定》等法律法规以及其他相关通知和意见,对于不同岗位的从业人员,分别有不同的工伤预防培训内容。

(1)用人单位主要负责人的主要培训内容

1)国家安全生产方针、政策和有关安全生产及职业病防治的法律、法规、规章和标准;

2)安全生产管理的基本知识、相关技术和专业知识;

3)职业卫生管理和职业病防治措施;

4)重大危险源、职业有害因素管理的相关知识;

5)重大事故防范、应急管理和救援组织及事故调查处理(包括工伤事故的处理)的有关规定;

6)国内外先进的安全生产和职业卫生管理经验;

7)典型事故和应急救援案例分析;

8)其他需要培训的内容。

(2)用人单位安全生产管理人员及职业卫生管理人员的主要培训内容

1)国家安全生产方针、政策和有关安全生产及职业病防治的法律、法规、规章和标准;

2)安全生产管理、安全生产技术、职业卫生管理等知识;

3)伤亡事故统计、报告及职业危害的调查处理方法;

4)主要职业病危害因素及防控措施、职业病防护设施的维护与管理;

5)应急管理、应急预案编制以及应急处置的内容和要求;

6)国内外先进的安全生产和职业卫生管理经验;

7)典型事故和应急救援案例分析;

8)其他需要培训的内容。

（3）班组岗前培训的主要内容

1）工作环境中的危险隐患以及存在的职业病危害因素；

2）所从事工作可能造成的职业伤害和伤亡事故；

3）所从事工作的安全生产和职业卫生职责、操作技能及强制性标准；

4）自救互救、急救方法，疏散和现场紧急情况的处理措施；

5）安全设备设施、职业病防治设备设施、个人防护用品的使用和维护；

6）安全生产和职业病防治状况以及相关规章制度；

7）预防事故和职业危害的措施以及应注意的相关事项；

8）从业人员的安全生产以及职业卫生保护权利和义务；

9）其他需要培训的内容。

 **小资料**

《应急管理部 人力资源社会保障部 教育部 财政部 国家煤矿安全监察局关于高危行业领域安全技能提升行动计划的实施意见》（应急〔2019〕107号）提出的目标任务中包括：遴选培育50个以上具有辐射引领作用的安全技能实训和特种作业人员实操考试示范基地、50个以上安全生产教育培训示范职业院校（含技工院校，下同）、100家以上安全生产产教融合型企业。

《应急管理部办公厅关于扎实推进高危行业领域安全技能提升行动的通知》（应急厅〔2020〕34号）中指出，力争

2022年底前每个省份建成3个以上具有示范引领作用的实际操作培训考试基地，扶持2所左右专业特色鲜明、参与安全技能提升行动计划成效明显的职业院校；确保2021年底前化工园区都有自建、共建或委托的具备实训条件的专业机构提供安全技能培训服务。

3.5.3 线上线下培训结合，重点突出线上培训

【相关条款】

鼓励各地采取线上培训和线下培训相结合方式，更加注重发挥线上培训的作用。

【条款详解】

本条的主要内容是：强调线上线下相结合的培训方式，突出线上培训。

问题：如何有效实现线上线下相结合的培训方式？

根据《应急管理部办公厅关于扎实推进高危行业领域安全技能提升行动的通知》（应急厅〔2020〕34号），以及《应急管理部 人力资源社会保障部 教育部 财政部 国家煤矿安全监察局关于高危行业领域安全技能提升行动计划的实施意见》（应急〔2019〕107号），应线上线下相结合开展安全技能提升培训，具体可采取以下措施：

（1）加强网络教育培训基础设施建设，建立网络教育培训平台，规范网络教育培训管理，培训主管部门可公开遴选资质合法、信誉良好、服务优质的在线工伤预防培训平台，供企业和各培训

机构自主选用。各类从业人员通过网络在线参加安全生产理论知识培训,在线培训课时按同等时长计入培训课时。

(2)在线培训平台加强在线培训过程的管理监控和服务,针对不同层次、不同类型、不同岗位人员工作需求,为每位高危企业从业人员建立安全技能培训学习个人终身账号和档案,存储个人学习、培训、从业等信息,一人一档、终身有效,使培训和考核过程可追溯。

(3)加快安全生产教育培训信息化建设步伐,构建教育培训信息化管理平台,实现教育培训管理、考核发证、证书查询等信息化,不断提高管理水平和工作效率。

(4)应急管理等相关培训主管部门要遴选一批安全技能培训示范企业,推荐纳入产教融合型企业,按规定给予政策激励,引导推动一批高危企业依托职业院校设置职工培训机构、实训基地,推动现代模拟实训考试技术应用,防止过度虚拟化。

《安全生产法》第十三条规定,各级人民政府及其有关部门应当采取多种形式,加强对有关安全生产的法律、法规和安全生产知识的宣传,增强全社会的安全生产意识。

《劳动法》第六十六条规定,国家通过各种途径,采取各种措施,发展职业培训事业,开发劳动者的职业技能,提高劳动者素质,增强劳动者的就业能力和工作能力。

第六十七条规定,各级人民政府应当把发展职业培训纳入社会经济发展的规划,鼓励和支持有条件的企业、事业组织、社会团体和个人进行各种形式的职业培训。

《安全生产培训管理办法》第十七条规定,国家鼓励安全培训机构和生产经营单位利用现代信息技术开展安全培训,包括远程培训。

小案例

"青岛市工伤预防教育培训云平台"是一个工伤保险全周期全体系的线上服务平台。该平台集工伤保险政策、安全预防知识宣传、培训以及工伤业务经办于一体,企业员工通过平台可以自助学习工伤保险、安全生产、急救、职业病防治等方面的知识,同时还可以通过平台办理所有有关人社和工伤保险的网上业务。

3.6 科学进行工伤保险费率浮动

3.6.1 依据行业工伤风险程度确定行业基准费率

【相关条款】

各地要在依据行业工伤风险程度确定行业基准费率基础上……

【条款详解】

本条的主要内容是:明确工伤保险费率应依据行业基准费率进行浮动调整的任务。

问题1:行业工伤风险类别是如何划分的?

《人力资源社会保障部　财政部关于调整工伤保险费率政策的通知》(人社部发〔2015〕71号)第一条规定,行业工伤风险类别的划分,要按照《国民经济行业分类》对行业的划分,根据不同行业的工伤风险程度，由低到高，依次将行业工伤风险类别划分为一类至八类。

第一类：软件和信息技术服务业，货币金融服务，资本市场服务，保险业，其他金融业，科技推广和应用服务业，社会工作，广播、电视、电影和影视录音制作业，中国共产党机关，国家机构，人民政协、民主党派，社会保障，群众团体、社会团体和其他成员组织，基层群众自治组织，国际组织。

第二类：批发业，零售业，仓储业，邮政业，住宿业，餐饮业，电信、广播电视和卫星传输服务，互联网和相关服务，房地产业，租赁业，商务服务业，研究和试验发展，专业技术服务业，居民服务业，其他服务业，教育，卫生，新闻和出版业，文化艺术业。

第三类：农副食品加工业，食品制造业，酒、饮料和精制茶制造业，烟草制品业，纺织业，木材加工和木、竹、藤、棕、草制品业，文教、工美、体育和娱乐用品制造业，计算机、通信和其他电子设备制造业，仪器仪表制造业，其他制造业，水的生产和供应业，机动车、电子产品和日用产品修理业，水利管理业，生态保护和环境治理业，公共设施管理业，娱乐业。

第四类：农业，畜牧业，农、林、牧、渔服务业，纺织服装、服饰业，皮革、毛皮、羽毛及其制品和制鞋业，印刷和记录媒介复制业，医药制造业，化学纤维制造业，橡胶和塑料制品业，金属制品业，通用设备制造业，专用设备制造业，汽车制造业，铁路、船舶、航空航天和其他运输设备制造业，电气机械和器材制造业，废弃资源综合利用业，金属制品、机械和设备修理业，电力、热力生产和供应业,燃气生产和供应业,铁路运输业,航空运输业,管道运输业,体育。

第五类:林业,开采辅助活动,家具制造业,造纸和纸制品业,建筑安装业,建筑装饰和其他建筑业,道路运输业,水上运输业,装卸搬运和运输代理业。

第六类:渔业,化学原料和化学制品制造业,非金属矿物制品业,黑色金属冶炼和压延加工业,有色金属冶炼和压延加工业,房屋建筑业,土木工程建筑业。

第七类:石油和天然气开采业,其他采矿业,石油加工、炼焦和核燃料加工业。

第八类:煤炭开采和洗选业,黑色金属矿采选业,有色金属矿采选业,非金属矿采选业。

问题2:工伤保险行业基准费率的确定原则和依据是什么?

工伤保险费依据以支定收、收支平衡的原则确定费率。不同行业根据其行业的风险程度执行不同的工伤保险行业基准费率,并根据工伤保险费使用、工伤发生率等情况确定费率档次。

《工伤保险条例》第八条规定,工伤保险费根据以支定收、收支平衡的原则,确定费率。国家根据不同行业的工伤风险程度确定行业的差别费率,并根据工伤保险费使用、工伤发生率等情况在每个行业内确定若干费率档次。行业差别费率及行业内费率档次由国务院社会保险行政部门制定,报国务院批准后公布施行。统筹地区经办机构根据用人单位工伤保险费使用、工伤发生率等情况,适用所属行业内相应的费率档次确定单位缴费费率。

第九条规定,国务院社会保险行政部门应当定期了解全国各统筹地区工伤保险基金收支情况，及时提出调整行业差别费率及行业内费率档次的方案，报国务院批准后公布施行。

第四十九条规定，经办机构应当定期公布工伤保险基金的收支情况，及时向社会保险行政部门提出调整费率的建议。

《社会保险法》第三十四条规定，国家根据不同行业的工伤风险程度确定行业的差别费率，并根据使用工伤保险基金、工伤发生率等情况在每个行业内确定费率档次。行业差别费率和行业内费率档次由国务院社会保险行政部门制定，报国务院批准后公布施行。社会保险经办机构根据用人单位使用工伤保险基金、工伤发生率和所属行业费率档次等情况，确定用人单位缴费费率。

小资料

《人力资源社会保障部　财政部关于调整工伤保险费率政策的通知》（人社部发〔2015〕71号）第二条规定，不同工伤风险类别的行业执行不同的工伤保险行业基准费率。各行业工伤风险类别对应的全国工伤保险行业基准费率为，一类至八类分别控制在该行业用人单位职工工资总额的0.2%、0.4%、0.7%、0.9%、1.1%、1.3%、1.6%、1.9%左右。

小知识

工伤风险：在工作过程中，工伤发生的概率和造成危害的程度。

工伤发生率：在一定时期内，用人单位（或统筹地区）发生工伤的人次数占职工总人数的比率。

工伤保险费率：依据相关法律法规确定的用人单位参加工伤保险的缴费比率。

行业基准费率：根据不同行业工伤风险程度确定的各行业具有差别性的基准费率。

行业内费率档次：根据同一行业内不同用人单位工伤发生率和工伤保险支缴率等情况确定的同一行业内的不同费率标准。

 小提示

《社会保险法》第三十五条规定，用人单位应当按照本单位职工工资总额，根据社会保险经办机构确定的费率缴纳工伤保险费。

《工伤保险条例》第十条规定，用人单位应当按时缴纳工伤保险费。职工个人不缴纳工伤保险费。用人单位缴纳工伤保险费的数额为本单位职工工资总额乘以单位缴费费率之积。对难以按照工资总额缴纳工伤保险费的行业，其缴纳工伤保险费的具体方式，由国务院社会保险行政部门规定。

《人力资源社会保障部关于执行〈工伤保险条例〉若干问题的意见》（人社部发〔2013〕34号）第十四条规定，核定工伤职工工伤保险待遇时，若上一年度相关数据尚未公布，可暂按前一年度的全国城镇居民人均可支配收入、统筹地区职工月平均工资核定和计发,待相关数据公布后再重新核定,社会保险经办机构或者用人单位予以补发差额部分。

3.6.2 充分发挥浮动费率的激励和约束作用

【相关条款】

充分发挥浮动费率的激励和约束作用,促进用人单位主动做好工伤预防,减少工伤事故和职业病的发生。

【条款详解】

本条的主要内容是:明确浮动费率对于用人单位工伤预防工作的促进作用,充分发挥浮动费率的激励和约束作用的任务。

问题1:工伤保险浮动费率是如何调整的?

费率浮动是根据用人单位在一定时期内工伤保险支缴率、工伤发生率及所属行业相应费率档次等情况,定期浮动和调整用人单位工伤保险费率的行为。工伤保险费率一般是在行业基准费率的基础上,依据"以支定收、收支平衡"的原则,结合用人单位的工伤保险费使用、工伤发生率、职业病危害程度等因素,确定其工伤保险费率。不同行业的保险费率浮动调整是不同的。

《人力资源社会保障部　财政部关于调整工伤保险费率政策的通知》(人社部发〔2015〕71号)第二条规定,应通过费率浮动的办法确定每个行业内的费率档次。一类行业分为三个档次,即在基准费率的基础上,可向上浮动至120%、150%,二类至八类行业分为五个档次,即在基准费率的基础上,可分别向上浮动至

120%、150%或向下浮动至80%、50%。各统筹地区人力资源社会保障部门要会同财政部门，按照"以支定收、收支平衡"的原则，合理确定本地区工伤保险行业基准费率具体标准，并征求工会组织、用人单位代表的意见，报统筹地区人民政府批准后实施。基准费率的具体标准可根据统筹地区经济产业结构变动、工伤保险费使用等情况适时调整。

第三条规定，统筹地区社会保险经办机构根据用人单位工伤保险费使用、工伤发生率、职业病危害程度等因素，确定其工伤保险费率，并可依据上述因素变化情况，每一至三年确定其在所属行业不同费率档次间是否浮动。对符合浮动条件的用人单位，每次可上下浮动一档或两档。统筹地区工伤保险最低费率不低于本地区一类风险行业基准费率。费率浮动的具体办法由统筹地区人力资源社会保障部门商财政部门制定，并征求工会组织、用人单位代表的意见。

问题2：工伤保险浮动费率对于工伤预防有哪些积极影响？

工伤保险浮动费率的设置首先对于工伤保险费率政策进行了完善补充，工伤保险费率政策越完善，越有利于各个行业在其整个行业内工伤预防工作的开展，能有效提升工伤预防工作的绩效水平。

（1）工伤保险浮动费率有利于减轻企业在职工社保方面的支出负担，大大降低了企业的参保费用，节约了成本。这样一来，低成本的保险费用也会增加未参保单位的参保积极性，对于劳动者的合法权益也起到了更有效的保护作用。

（2）工伤保险浮动费率机制相当于一个经济杠杆，直接与用人单位工伤预防工作的绩效挂钩,这样就会有效调动用人单位加强工伤预防工作的积极性,有助于改善劳动者的作业环境,保护劳动者的生命安全和职业健康。

(3)通过工伤保险浮动费率机制,不仅能督促企业做好工伤预防工作并保护广大劳动者的健康权益,同时也能保证工伤保险基金的有效使用,让工伤保险基金能够用到切实需要的地方,避免基金的浪费。

《人力资源社会保障部 财政部关于做好工伤保险费率调整工作 进一步加强基金管理的指导意见》(人社部发〔2015〕72号)第一条明确指出,要充分认识调整完善工伤保险费率政策的重要性:调整完善工伤保险费率政策,总体上降低工伤保险费率水平,是适应我国经济发展新常态,减轻用人单位负担的重要举措,有利于建立健全与行业工伤风险基本对应、风险档次适度的工伤保险费率标准,有利于落实工伤保险基金"以支定收、收支平衡"筹资原则,优化工伤保险基金管理,确保工伤保险基金可持续运行,更好地保障工伤职工的合法权益。各地应充分认识调整完善工伤保险费率政策的重要性,加强对调整完善工伤保险费率政策的组织领导,采取切实有效措施,强化工伤保险基金管理,在基金收支平衡的基础上,实现总体上降低工伤保险费率水平的目标。

小资料

《人力资源和社会保障部 住房和城乡建设部 国家安全生产监督管理总局 全国总工会关于进一步做好建筑业工

伤保险工作的意见》(人社部发〔2014〕103号)第三条明确指出,要科学确定工伤保险费率:各地区人力资源社会保障部门应参照本地区建筑企业行业基准费率,按照"以支定收、收支平衡"原则,商住房城乡建设主管部门合理确定建设项目工伤保险缴费比例。要充分运用工伤保险浮动费率机制,根据各建筑企业工伤事故发生率、工伤保险基金使用等情况适时适当调整费率,促进企业加强安全生产,预防和减少工伤事故。

小知识

在各地方(如上海市、天津市、大连市等)工伤保险浮动费率管理办法中,一般有以下几种情形的工伤保险费率不得下浮:

(1)用人单位欠缴工伤保险费的;

(2)用人单位骗取工伤保险待遇的;

(3)用人单位少报、漏报、瞒报缴费工资全额或者从业人员人数的。

3.6.3 结合实际,进行周期性费率浮动

【相关条款】

为更好评估用人单位工伤风险趋势,更全面考察用人单位风险管理效果,鼓励各地结合实际,以3年为一个周期进行费率浮动。

【条款详解】

本条的主要内容是：明确以3年为一个周期调整工伤保险费率浮动的任务。

问题：如何进行周期性费率浮动？

以3年为一个周期，在3年内对参加工伤保险的用人单位进行工伤风险全面评估，根据其工伤保险费使用、工伤发生率、职业病危害等因素，对其工伤保险费率进行浮动调整。

《人力资源社会保障部 财政部关于调整工伤保险费率政策的通知》（人社部发〔2015〕71号）第三条规定，统筹地区社会保险经办机构根据用人单位工伤保险费使用、工伤发生率、职业病危害程度等因素，确定其工伤保险费率，并可依据上述因素变化情况，每一至三年确定其在所属行业不同费率档次间是否浮动。对符合浮动条件的用人单位，每次可上下浮动一档或两档。统筹地区工伤保险最低费率不低于本地区一类风险行业基准费率。

《人力资源社会保障部 财政部关于做好工伤保险费率调整工作 进一步加强基金管理的指导意见》（人社部发〔2015〕72号）第五条明确提出，要定期进行单位费率浮动：各统筹地区要充分发挥工伤保险浮动费率机制的作用，周密制定单位费率浮动的具体办法。各统筹地区社会保险经办机构应每一至三年对各参保单位的工伤风险状况进行一次全面评估，并依据其工伤保险费使用、工伤发生率、职业病危害程度等因素，确定其费率是否浮动及浮动的档次。对风险程度骤升的单位，可一次上浮两个档次，并通过适当形式通报，以示警诫。

小资料

《人力资源社会保障部 财政部关于做好工伤保险费率调整工作 进一步加强基金管理的指导意见》(人社部发〔2015〕72号)第八条明确提出,要建立费率确定调整和实施情况定期报备制度:各地要加强对费率政策执行情况的监控,建立费率调整和实施情况定期报备制度。各统筹地区应在每年末将本地区基准费率调整变化情况和浮动费率实施情况及实施效果报省级人力资源社会保障部门和财政部门。各省级人力资源社会保障部门、财政部门要在次年2月底之前将本地区的汇总分析情况报送人力资源社会保障部、财政部。

3.7 大力开展互联网+工伤预防

3.7.1 智能化、一体化推进工伤预防各项工作

【相关条款】

充分发挥信息化、大数据、人工智能在工伤预防方面的作用,一体化推进工伤预防信息共享、在线培训、考核评估,普及工伤预防科学知识、宣传工伤预防政策、开展工伤预防线上培训、强化工伤事故警示教育。

【条款详解】

本条的主要内容是:明确智能化、一体化推进工伤预防各项工作,加强互联网技术在工伤预防中的应用,推进工伤预防与互

联网技术结合的任务。

问题1：互联网＋工伤预防的开展形式有哪些？

互联网＋工伤预防的开展形式多种多样。首先是工伤预防知识宣传方面，手机微博、微信、短视频软件等是人们生活中最常接触的互联网平台，与人们的生活息息相关。借助于这些平台推广工伤预防知识和政策，是宣传工伤预防的有效手段。

其次是借助互联网平台开展安全教育和培训工作。工伤预防是安全教育的重要环节，利用互联网资源或者委托第三方定制研发工伤预防知识在线培训和考核平台（包括电脑端和移动端平台），运用人工智能（AI）、虚拟现实（VR）、增强现实（AR）、混合现实（MR）及数字孪生技术（DT），对职工进行线上全景式和浸入式培训，实行线上考核和评估，是开展安全教育主要措施。

在信息共享方面，通过大数据技术，依托全民健康信息平台，建立不同部门之间的信息交换机制，统筹推进职业病防治技术支撑信息化建设，实现工伤保险参保、职工个人健康档案、企业安全生产管理、职业病危害项目申报、重点职业病和职业病危害因素监测、工程防护、职业病报告、职业健康检查、职业病诊断鉴定、职业卫生及放射卫生检测评价等信息的跨部门、跨平台共享。加强信息化建设，健全完善相关软硬件设施，增强信息数据汇总、分析、评估能力。

《国家安全监管总局办公厅关于加强用人单位职业卫生培训工作的通知》（安监总厅安健〔2015〕121号）第四条明确提出，要逐步推进职业卫生培训与安全生产培训一体化：各地区要根据工作实际，推进安全培训与职业卫生培训一体化，提高培训效率，减轻用人单位负担。有条件的地区,可以在危险物品生产、经营、储存单位和矿山、金属冶炼、建筑施工、道路运输等行业领域实行安全与职业卫生统一培训、统一考核,并保证参加职业卫生培训的时间不少于总学时的30%,继续教育时职业卫生培训不少于20%。经考核合格后,在合格证中注明职业卫生培训内容和培训学时,不再单独进行职业卫生培训。其他行业领域应当按照本通知要求的内容和学时开展职业卫生培训。

《人力资源社会保障部办公厅关于加强2018—2020年工伤保险普法宣传工作的通知》(人社厅函〔2018〕165号)第三条明确提出,要推行互联网+工伤预防。大力推进普法宣传与工伤预防工作有机结合,鼓励各地打造工伤预防App、线上安全技能宣传培训平台等"互联网+"平台,鼓励相关机构、院校开设工伤预防宣传培训在线课程,引导职工积极参与在线宣传培训学习,着力解决工伤和安全生产事故中违规违章操作突出的问题。

《人力资源社会保障部关于进一步做好工伤预防试点工作的通知》(人社部发〔2013〕32号)的第五条规定,试点城市可通过电视、广播、报纸、网络、手机等媒体,通过印发宣传画、手册、标语等方式开展工伤预防宣传;通过举办培训班、专题讲座等方式开展工伤预防培训。

《国家安全监管总局办公厅关于加强用人单位职业卫生培训工作的通知》(安监总厅安健〔2015〕121号)第七条规定,用人单位要充分利用手机短信、微博、微信等方式宣传职业病防治知识,鼓励劳动者集中参加网络在线职业卫生培训学习,有关内容和学时可按规定纳入考核体系。鼓励用人单位按照"看得懂、记得住、用得上"原则,根据不同类别、不同层次、不同岗位人员需求,组织编写学习读本、知识手册等简易教材。要借鉴安全生产培训的有效做法,在职业病危害严重的用人单位推行交班前职业卫生培训,有针对性地讲述岗位存在的职业病危害因素、岗位操作规程和防护知识等,使交班前职业卫生培训成为职业病危害预防的第一道防线。

《国家卫生健康委关于加强职业病防治技术支撑体系建设的指导意见》(国卫职健发〔2020〕5号)第三条明确提出,要提升信息化和大数据管理水平:国家卫生健康委及地方各级卫生健康行政部门依托全民健康信息平台,统筹推进职业病防治技术支撑信息化建设,实现职业病危害项目申报、重点职业病和职业病危害因素监测、工程防护、职业病报告、职业健康检查、职业病诊断鉴定、职业卫生及放射卫生检测评价等信息"一网通"。各技术支撑机构要加强信息化建设,健全完善相关软硬件设施,增强信息数据汇总、分析、评估能力。

《应急管理部办公厅关于印发〈"工业互联网+危化安全生产"试点建设方案〉的通知》(应急厅〔2021〕27号)第二条规定,企业按照法律、行政法规、规章的规定以及国家标准、行业标准的要求,结合自身生产工艺特点,充分利用互联网资源或者委托第三方定制开发培训系统,运用虚拟现实(VR)、增强现实(AR)、混合现实(MR)及数字孪生技术(DT),对全体员工进行线上全景式和浸入式培训;根据岗位、职责不同,结合员工的学历、从业经历、特种作业资质等情况,设置相对应的培训考核内容;通过自动积分及奖惩机制,激发企业全员职工积极主动学习,从而实现全行业全员的安全能力提升。当相关法律、行政法规、规章、国家标准和行业标准发生变更后，企业可及时组织相关职工借助信息化手段进行专题培训、考核；企业定制开发的培训考核软件应预留对接政府端接口，将相关培训考核统计情况适时上传至地方应急管理部门。

问题 2：开展互联网＋工伤预防的优点有哪些？

借助互联网平台开展工伤预防宣传，普及工伤预防的知识和政策，可以充分发挥互联网平台在信息传递方面的优势，包括传播速度快、影响力大、传播成本低、受众面广等。

培训方面：线下培训受时间、空间条件约束大，培训成本高，对企业带来的经济压力大，不利于培训工作的推广。开拓线上培训和考核，脱离传统培训模式的框架，以电脑、移动端为工具，依托互联网平台进行多渠道课程学习，支持随时随地学习的模式，摆脱时间上的限制，能够充分利用职工的碎片化时间，提高培训效率。同时在大数据技术的支持下，可以让每名职工都有针对性的学习与自己工作岗位密切相关的工伤预防课程，突出培训的专业性，进一步提高职工的工伤预防能力。

信息共享方面：建立不同部门之间的信息交换机制，实现工伤预防信息共享是大势所趋。工伤预防信息共享平台可以提高用人单位和监管部门的办事效率，完善办事流程；还可以实现对职工的全过程保护，用人单位和监管部门可以清楚地知道职工的个人健康状况和参保情况，为安排岗位提供参考意见，保护职工身体健康。

 **小知识**

什么是"互联网+"?

"互联网+"简单地说就是"互联网+传统行业",随着科学技术的发展,信息技术使得互联网与传统行业深度融合,互联网具备的优势特点也创造出许多新的发展机会。"互联网+"通过其自身的优势,对传统行业进行优化升级转型,使得传统行业能够适应当下的新发展,从而最终推动社会不断地向前发展。

"互联网+"有六大特征:

一是跨界融合。"+"就是跨界,就是变革,就是开放,就是重塑融合。实现了跨界,创新的基础就更坚实;融合协同了,群体智能才会实现。融合本身也指代身份的融合,终端转化为管理,多渠道参与创新等,形式多样化。

二是创新驱动。粗放的资源驱动型增长方式早就难以为继,必须转变到创新驱动发展这条正确的道路上来。这正是互联网的特质,用所谓的互联网思维来求变、自我革命,也更能发挥创新的力量。

三是重塑结构。信息革命、全球化、互联网业已打破了原有的社会结构、经济结构、地缘结构、文化结构。权力、议事规则、话语权不断在发生变化。"互联网+"社会治理、虚拟社会治理将在这方面展现很大的不同。

四是尊重人性。人性的光辉是推动科技进步、经济增长、社会进步、文化繁荣的最根本的力量,互联网的强大力量本质来源是对人性最大限度地尊重、对人体验感的敬畏、对人的创造性发挥的重视。

五是开放生态。关于"互联网+",生态是非常重要的特征,而生态的本身就是开放的。推进"互联网+",其中一个重要的方向就是要把过去制约创新的环节化解掉,把孤岛式创新连接起来,让研发由人性决定的市场驱动,让创业者有机会实现价值。

六是连接一切。连接是有层次的,可连接性是有差异的,连接的价值是相差很大的,而连接一切正是"互联网+"的目标。

3.7.2 推广工伤预防云平台的应用

【相关条款】

人力资源社会保障部将建立基于云架构的工伤预防综合性平台,加强对工伤预防工作的指导和服务。各省级人社部门可会同相关部门推荐资质合法、信誉良好、服务优质的在线培训平台,供地方有关部门、大中型企业等依法自主选用。

【条款详解】

本条的主要内容是:明确人社部门会同相关部门搭建、推广工伤预防云平台应用的任务。

问题1:国家综合性平台有哪些重要特点?

《应急管理部办公厅关于印发〈"工业互联网+危化安全生产"

试点建设方案〉的通知》（应急厅〔2021〕27号）第一条明确提出，要坚持系统谋划、试点先行，打造一批应用场景、工业App和工业机理模型，力争通过三年时间的努力，构建"工业互联网+危化安全生产"的初步框架。

（1）企业

以信息化促进企业数字化、智能化转型升级，推动操作控制智能化、风险预警精准化、危险作业无人化、运维辅助远程化，提升安全生产管理的可预测、可管控水平。强化企业快速感知、实时监测、超前预警、动态优化、智能决策、联动处置、系统评估、全局协同能力，实现提质增效、消患固本，打造企业工业互联网新基础设施，建设企业标识节点并与行业二级节点对接，为企业新发展注入新动能。

（2）园区

通过打造工业互联网网络、平台、安全三大体系，建设全要素网络化连接、敏捷化响应和自动化调配能力，实现不同企业、不同部门与不同层级之间的协同联动，全面开展安全生产风险研判、应急演练和隐患排查，推动安全生产"三个转变"，推动科技创新、产业生态、配套服务在园区内外的渗透及融合发展，提升政府对园区的高效协作、精准扶持、有效监管，实现新园区建设和已有园区安全、可持续发展。

（3）行业

坚持工业互联网与安全生产同规划、同部署、同发展，依托国家工业互联网大数据中心，建设"工业互联网+危化安全生产"分中心。依托国家骨干网络，完善危险化学品领域工业互联网标识解析二级节点布局,与国家顶级节点对接,建设危险化学品工业互联网数据支撑平台、安全监管平台。推动危险化学品安全管理经验知识的软件化沉淀和智能化应用,公开遴选和推荐数字孪生、全要素网络化连接和智能化管控解决方案,培育壮大解决方案提供商和服务团队,扎实推进工业互联网与危险化学品安全生产的深入融合应用。以信息化推进危险化学品安全治理体系和治理能力现代化,提高监测预警能力,实现精准治理,精准预警,精准抢险救援,精准恢复重建,精准监管执法。

(4)政府

布局涵盖生产、储存、使用、经营、运输等环节的危险化学品全产业链协同,向上延伸至卫星、5G等工业互联网领域,获取地质、水文、气象、精确定位等信息,服务于规划准入和安全监管,向下延伸至能源等其他工业互联网领域,将产业链与供应链深度融合,促进价值链提升,系统构建"工业互联网+危化安全生产"的初步框架,优化产业结构和布局,延伸产业链,提升全过程、全要素的安全生产水平,推进行业转型升级和高质量发展。

第二条明确提出,要探索第三方评价评估云端化和动态化:探索基于工业互联网的安全评价、安全责任保险、安全生产标准化等业务的开展,将工业互联网大数据用于评估评价的各个环节和流程,提升评估评价的科学性和客观性。建立评估评价的动态调整和公开机制,实现各类评价评估报告的电子化备案和公示,随时备查,可看可举报。

问题2:在线培训平台应取得哪些资质?

(1)增值电信业务经营许可证

《互联网信息服务管理办法》（国务院令第292号）第七条规定，从事经营性互联网信息服务，应当向省、自治区、直辖市电信管理机构或者国务院信息产业主管部门申请办理互联网信息服务增值电信业务经营许可证（以下简称经营许可证）。

省、自治区、直辖市电信管理机构或者国务院信息产业主管部门应当自收到申请之日起60日内审查完毕，作出批准或者不予批准的决定。予以批准的，颁发经营许可证；不予批准的，应当书面通知申请人并说明理由。

申请人取得经营许可证后，应当持经营许可证向企业登记机关办理登记手续。

（2）信息网络传播视听节目许可证

《互联网视听节目服务管理规定》（广电总局令第56号）第二条规定，在中华人民共和国境内向公众提供互联网（含移动互联网，以下简称互联网）视听节目服务活动，适用本规定。

本规定所称互联网视听节目服务，是指制作、编辑、集成并通过互联网向公众提供视音频节目，以及为他人提供上载传播视听节目服务的活动。

第七条规定，从事互联网视听节目服务，应当依照本规定取得广播电影电视主管部门颁发的信息网络传播视听节目许可证（以下简称许可证）或履行备案手续。

未按照本规定取得广播电影电视主管部门颁发的许可证或履行备案手续，任何单位和个人不得从事互联网视听节目服务。

互联网视听节目服务业务指导目录由国务院广播电影电视主管部门商国务院信息产业主管部门制定。

（3）网络文化经营许可证

《互联网文化管理暂行规定》（文化部令第57号）第九条规定，申请从事经营性互联网文化活动，应当提交下列文件：

1）申请表；

2）营业执照和章程；

3）法定代表人或者主要负责人的身份证明文件；

4）业务范围说明；

5）专业人员、工作场所以及相应经营管理技术措施的说明材料；

6）域名登记证明；

7）依法需要提交的其他文件。

对申请从事经营性互联网文化活动的，省、自治区、直辖市人民政府文化行政部门应当自受理申请之日起20日内做出批准或者不批准的决定。批准的，核发网络文化经营许可证，并向社会公告；不批准的，应当书面通知申请人并说明理由。

网络文化经营许可证有效期为3年。有效期届满，需继续从事经营的，应当于有效期届满30日前申请续办。

（4）其他资质

如果该平台涉及售卖、出版书籍等还需要依法办理相关专业资质。如果将出版过的书籍、期刊、教材、辅导教材、课件等进行电子化进行传播，则需要根据《出版管理条例》和《网络出版服务管理规定》（国家新闻出版广电总局 工业和信息化部令第5号）的要求，办理网络出版服务许可证。

3.8 积极推进工伤预防专业化、职业化建设

3.8.1 建立工伤预防长效服务机制

【相关条款】

支持有条件、有能力的第三方专业技术服务机构积极参与工伤预防工作,建立长效服务机制。

【条款详解】

本条的主要内容是:明确建立工伤预防长效服务机制,支持第三方专业技术服务机构积极参与工伤预防工作的任务。

问题1:如何建立工伤预防长效服务机制?

建立工伤预防长效服务机制离不开政府对企业的支持和鼓励,政府应制定入行门槛和相关管理制度,引入符合条件的第三方服务机构,引导第三方机构开展工伤预防的相关职能建设,同时强化政府部门的监管、督查,确保长效服务机制平稳健康发展。

《工业和信息化部 国家安全生产监督管理总局关于促进安全产业发展的指导意见》(工信部联安〔2012〕388号)第四条明确提出,要加速构建安全服务体系:培育安全中介服务机构,开展安全生产、防灾减灾、应急救援技术支撑服务,为企业提供咨询和诊断服务,推广应用先进技术、工艺和装备,扩大国际交流与合作。健全和完善安全评价、检验检测机构,提供检验检测、审定、安全评价、分析、维护等技术支持服务;规范安全宣传教育培训机构,提供宣传教育、展览展示、知识更新、人才培养、应急演练演示和体验等服务;构建信息化服务体系,形成若干专业化的安全资源信息化服务平台,为安全生产、防灾减灾、应急救

援提供信息化管理支撑服务；针对工程建设，开展安全勘察、设计、运营、监理等工程咨询服务；鼓励保险、设备租赁、融资担保等服务机构向安全产业领域拓展。

《人力资源社会保障部办公厅关于进一步做好建筑业工伤保险工作的通知》（人社厅函〔2017〕53号）第一条明确提出，要进一步提高认识，增强做好建筑业工伤保险工作的责任感、紧迫感：党中央、国务院高度重视建筑业工人合法权益保护问题。《国务院办公厅关于促进建筑业持续健康发展的意见》（国办发〔2017〕19号）再次强调，要"建立健全与建筑业相适应的社会保险参保缴费方式，大力推进建筑施工单位参加工伤保险"。这不仅是当前工伤保险扩面的中心任务，也是促进建筑业持续健康发展、保护建筑业工人合法权益的重要举措，各级人社部门要增强政治责任感和工作紧迫感，切实抓好工作落实，围绕项目参保模式积极推进政策创新和管理服务创新，着力建立健全建筑业按项目参保长效工作机制，同时，为灵活就业人员、分享经济等新业态从业人员的参保管理工作积累经验，奠定基础。

《国家卫生健康委关于加强职业病防治技术支撑体系建设的指导意见》（国卫职健发〔2020〕5号）第二条规定：

（1）完善职业病监测评估技术支撑机构

以疾病预防控制机构、职业病防治院（所、中心）为主干，完善"国家、省、市、县"四级职业病监测评估技术支撑网络。国家级技术支撑机构主要是指国家卫生健康委职业安全卫生研究中心、中国疾病预防控制中心职业卫生与中毒控制所、中国疾病预防控制中心辐射防护与核安全医学所等单位，承担全国重点职业病和职业病危害因素监测、专项调查、职业健康风险评估、职业健康检查、职业病报告、应急处置、职业健康宣传教育与健康促进等方面法规政策标准研究、技术研发和技术指导。省、市、县三级技术支撑机构主要是指同级卫生健康行政部门有关直属单位或其他法定机构,承担行政辖区内的重点职业病和职业病危害因素监测、职业健康风险评估、职业病防治情况统计和调查分析、职业健康检查、职业病报告、应急处置、职业健康宣传教育与健康促进等技术支撑任务。

(2)建立职业病危害工程防护技术支撑机构

充分利用卫生健康系统内外技术资源,构建"国家—行业(领域)—省"的职业病危害工程防护技术支撑网络。国家层面,国家卫生健康委有关直属单位与高等院校、企业、科研院所以共建"联合体"等形式,设立防尘、防毒、防噪、防电离辐射等工程防护技术中心,承担全国职业病危害防护工程设计、工程控制技术和装备、工程治理、个体防护等相关法规政策标准研究、技术研发、技术评估和技术指导。行业(领域)层面,依托条件较好的企事业单位,在矿山、化工、冶金、有色、建材、核技术应用、建筑、交通运输、军工等重点行业领域设立工程防护技术分中心,承担本行业领域职业病危害防护工程设计、工程控制技术和装备、工程治理、个体防护等标准研究和技术研发、筛选、推广、应用。省级层面,省级卫生健康委有关直属单位或其他具备条件的机构以自主建设或共建"联合体"等形式,设立工程防护技术指导中心,承担职业病危害工程防护及个体防护等标准研究和技术研发、筛选、推广、应用。

问题 2：在建立工伤预防长效服务机制的过程中，政府如何发挥作用？

在建立工伤预防长效服务机制的过程中，政府要充分发挥监管作用，建立完善的监管机制，防止盲目追求速度而导致工伤预防产业畸形化发展，出现专业技术服务机构水平参差不齐的现象。第三方专业技术服务机构在运营过程中要遵守各地卫生健康行政部门的要求，如实公开运营相关信息，确保运营过程透明化、阳光化。

《人力资源社会保障部办公厅关于进一步做好建筑业工伤保险工作的通知》（人社厅函〔2017〕53号）第三条明确提出，要进一步强化督查通报，夯实项目参保长效工作机制：实践证明，督查、通报是推进项目参保工作的有效抓手，也是建立健全项目参保长效工作机制的关键措施。各地要进一步发挥督查对推进项目参保工作的作用，突出加强对工作进度慢、参保率回落较大地区的督查。

《国家卫生健康委办公厅关于贯彻落实职业卫生技术服务机构管理办法的通知》（国卫办职健发〔2021〕2号）第四条明确提出，要强化事中事后监管，提升监管工作质量和水平：各地卫生健康行政部门要按照有关"双随机、一公开"的规定，加强对本行政区域内从业的职业卫生技术服务机构的事中事后监管，在对用人单位职业病防治工作进行监督检查过程中，应当做好对有关职业卫生技术服务机构进行延伸检查，提升监管精准性。要建立职业卫生技术服务资质许可信息、监督执法信息、机构及其从业人员信用档案等信息管理系统，记录违法失信行为并依法向社会公开，依据职业卫生技术服务机构信用状况,实行分类监管。要加强社会监督,畅通投诉举报渠道,依法及时处理投诉举报。要以《职业卫生技术服务机构管理办法》(国家卫生健康委令第4号)的贯彻实施为契机,大力加强职业健康监管能力建设,加快职业病防治技术支撑人才队伍和能力建设,确保技术支撑能力能够跟得上、落得实。

 小知识

政府职能部门在职业卫生工作中的职责分别有哪些?

2018年,根据党的十九届三中全会审议通过的《中共中央关于深化党和国家机构改革的决定》《深化党和国家机构改革方案》和第十三届全国人民代表大会第一次会议批准的《国务院机构改革方案》,国家组建了应急管理部,不再保留国家安全生产监督管理总局。2010年9月,中央机构编制委员会办公室公布的国家卫生健康委员会的"三定"方案中,内设职业健康司,主要职责是:拟订职业卫生、放射卫生相关政策、标准并组织实施。开展重点职业病监测、专项调查、职业健康风险评估和职业人群健康管理工作。协调开展职业病防治工作。自此,职业卫生的各类监督与管理工作由卫生健康行政管理部门负责。

职业卫生监督管理的职责具体包括:

(1)起草职业卫生监督管理有关法规,制定用人单位职业卫生监督管理相关规章,组织拟订国家职业卫生标准中的用人单位职业病危害因素工程控制、职业防护设施、个体职业防护等相关标准，拟订职业病防治法律法规、职业病防治规划。

（2）负责用人单位职业卫生监督检查工作，依法监督用人单位贯彻执行国家有关职业病防治法律法规和标准的情况。组织查处职业病危害事故和违法违规行为。

（3）负责新建、改建、扩建工程项目和技术改造、技术引进项目的职业卫生"三同时"（建设项目的职业病防护设施所需费用应当纳入建设项目工程预算，并与主体工程同时设计，同时施工，同时投入生产和使用）审查及监督检查。负责监督管理用人单位职业病危害项目申报工作。

（4）负责依法管理职业卫生安全许可证的颁发工作。负责职业卫生检测、评价技术服务机构的资质认定和监督管理工作。组织指导并监督检查有关职业卫生培训工作。

（5）负责监督检查和督促用人单位依法建立职业病危害因素检测、评价和劳动者职业卫生监护、相关职业卫生检查等管理制度；监督检查和督促用人单位提供劳动者健康损害与职业史、职业危害接触关系等相关证明材料。

（6）负责汇总、分析职业病危害因素检测、评价和劳动者职业卫生监护等信息，向相关部门和机构提供职业卫生监督检查情况。

（7）负责会同人力资源和社会保障部等有关部门组织制定发布国家职业卫生标准，组织实施工伤预防工作。

（8）负责监督管理职业病诊断与鉴定工作。组织开展重点职业病监测和专项调查,开展职业卫生风险评估,研究提出职业病防治对策。

(9)负责化学品毒性鉴定、个人剂量监测、放射防护器材和含放射性产品检测等技术服务机构资质认定和监督管理;审批承担职业卫生检查、职业病诊断的医疗卫生机构并进行监督管理,规范职业病的检查和救治;会同相关部门加强职业病防治机构建设;负责医疗机构放射性危害控制的监督管理。

(10)负责职业病报告的管理和发布,组织开展职业病防治科学研究;组织开展职业病防治法律法规和防治知识的宣传教育,开展职业人群健康促进工作。

3.8.2 鼓励行业示范、行业引领

【相关条款】

鼓励有能力的大中型企业发挥示范作用,带领同行业中小微企业开展工伤预防工作。

【条款详解】

本条的主要内容是:明确鼓励工伤预防行业示范、行业引领的任务。

问题1:企业如何引入第三方机构参与工伤预防工作?

在引入第三方机构参与企业工伤预防工作的过程中,企业要有明确、清晰的工作流程,完善的规章制度,并以合同的形式约定合作双方的权利和义务。

《人力资源社会保障部 财政部 国家卫生计生委 国家安全监管总局关于印发工伤预防费使用管理暂行办法的通知》(人社部规〔2017〕13号)第十条规定,纳入年度计划的工伤预防实施项目,原则上由提出项目的行业协会和大中型企业等社会组织负责组织实施。行业协会和大中型企业等社会组织根据项目实际情况,可直接实施或委托第三方机构实施。直接实施的,应当与社会保险经办机构签订服务协议。委托第三方机构实施的,应当参照政府采购法和招投标法规定的程序,选择具备相应条件的社会、经济组织以及医疗卫生机构提供工伤预防服务,并与其签订服务合同,明确双方的权利义务。服务协议、服务合同应报统筹地区人力资源社会保障部门备案。面向社会和中小微企业的工伤预防项目,可由人力资源社会保障、卫生计生、安全监管部门参照政府采购法等相关规定,从具备相应条件的社会、经济组织以及医疗卫生机构中选择提供工伤预防服务的机构,推动组织项目实施。

问题2:哪些行业要特别注意开展工伤预防工作?

《安全生产法》第二十四条规定,矿山、金属冶炼、建筑施工、运输单位和危险物品的生产、经营、储存、装卸单位,应当设置安全生产管理机构或者配备专职安全生产管理人员。

前款规定以外的其他生产经营单位,从业人员超过一百人的,应当设置安全生产管理机构或者配备专职安全生产管理人员;从业人员在一百人以下的,应当配备专职或者兼职的安全生产管理人员。

《国家卫生健康委办公厅关于在矿山、冶金、化工等行业领域开展尘毒危害专项治理工作的通知》(国卫办职健函〔2019〕406

号)第一条明确提出,要充分认识尘毒危害专项治理工作的重要意义:减少和控制职业病的发生,关键在于预防。开展尘毒危害专项治理是推动用人单位落实职业病防治主体责任、做好职业病预防工作的重要抓手和有效措施。当前,矿山、冶金和化工领域职业病多发高发,其职业健康状况能否得到明显好转,直接关系国家职业病防治规划提出的各项目标任务能否顺利完成。各级卫生健康行政部门要充分认识在矿山、冶金和化工领域开展尘毒危害专项治理工作的重要性,集中精力认真扎实开展好此项工作。

3.8.3 建立工伤预防专家库

【相关条款】

建立工伤预防专家库,遴选工伤预防、安全生产、职业卫生等方面的专家,负责工伤预防立项评审、宣传培训、问题诊断、措施制定、评估验收等专业技术相关工作。

【条款详解】

本条的主要内容是:明确围绕工伤预防各方面、各环节工作遴选相关专家,建立工伤预防专家库的任务。

问题1:如何建立工伤预防专家库?

有关建立工伤预防专家库的要求,在《职业病防治法》和国家卫生健康委办公厅发布的一些文件中均有所要求:

《职业病防治法》第五十三条规定,职业病诊断鉴定委员会由相关专业的专家组成。省、自治区、直辖市人民政府卫生行政部门应当设立相关的专家库,需要对职业病争议作出诊断鉴定时,由当事人或者当事人委托有关卫生行政部门从专家库中以随机抽取的方式确定参加诊断鉴定委员会的专家。职业病诊断鉴定委员会应当按照国务院卫生行政部门颁布的职业病诊断标准和职业病诊断、鉴定办法进行职业病诊断鉴定,向当事人出具职业病诊断鉴定书。职业病诊断、鉴定费用由用人单位承担。

第五十四条规定,职业病诊断鉴定委员会组成人员应当遵守职业道德,客观、公正地进行诊断鉴定,并承担相应的责任。职业病诊断鉴定委员会组成人员不得私下接触当事人,不得收受当事人的财物或者其他好处,与当事人有利害关系的,应当回避。人民法院受理有关案件需要进行职业病鉴定时,应当从省、自治区、直辖市人民政府卫生行政部门依法设立的相关的专家库中选取参加鉴定的专家。

《国家卫生健康委办公厅关于贯彻落实职业卫生技术服务机构管理办法的通知》(国卫办职健发〔2021〕2号)第二条明确提出,要完善配套制度,规范资质认可各项工作:省级卫生健康行政部门要依据《职业卫生技术服务机构管理办法》(国家卫生健康委令第4号,以下简称《办法》)对现行的职业卫生技术服务机构管理相关规范性文件进行清理,及时修订、废止与《办法》不一致的文件,结合实际制修订必要的配套文件。要参照《职业卫生技术服务机构甲级资质认可程序》《职业卫生技术服务机构资质认可技术评审准则》《职业卫生技术服务机构专业技术人员考核评估大纲》等文件要求,抓紧制定乙级资质认可程序,规范申请受理、技术评审、行政审查以及专家库组建等工作。要将职业卫生技术服务机构资质认可纳入行政审批(政务)大厅统一管理,积极推进"互联网+政务服务""一网通办",逐步实现资质申请线上办理、审批结果线上公布、资质信息线上查询。要严肃工作纪律和廉政纪律，加强对工作人员及专家的教育管理。要切实保障资质认可所需经费，确保《办法》有效实施。

《国家卫生健康委办公厅关于贯彻落实职业健康检查管理办法的通知》（国卫办职健函〔2019〕494号）第三条明确提出，要抓好质量控制，有效规范管理：各省级卫生健康行政部门要按照《职业健康检查管理办法》（国家卫生健康委令第2号）的相关规定，指定机构负责本辖区职业健康检查机构的质量控制管理工作，明确其职责和工作要求，保障其必要的工作经费，建立专家库并制订相关工作制度；严格按照中国疾控中心制定的《职业健康检查质量控制规范》，客观、公正地组织开展实验室间比对和质量考核工作，并将结果及时向社会公布。职业健康检查机构要牢固树立法律意识、责任意识和服务意识，规范检查行为，建立健全管理制度，优化工作流程，不断提高职业健康检查质量和服务水平。

《国家卫生健康委关于加强职业病防治技术支撑体系建设的指导意见》（国卫职健发〔2020〕5号）第三条明确提出，要加强组织机构和人才队伍建设：各技术支撑机构要明确承担职业卫生及放射卫生工作职能的部门，配备职业卫生、放射卫生、检测检验、工程技术、临床医学等专业技术人员。建立专业技术人员培训培养制度，加强首席专家、领军人才、学科带头人等技术骨干的培养，提高专业人才综合素质和能力。鼓励和支持相关高等院校加强职业健康学科建设，开设职业卫生工程等专业，在工科院校的相关专业以及医学院校公共卫生与预防医学专业增设职业卫生工程课程，探索培养"职业卫生+工程"的复合型人才。

问题2：工伤预防专家主要负责哪些工作？

工伤预防专家库主要负责工伤预防项目立项评审、工伤预防知识和政策的宣传培训、问题诊断、措施制定、项目评估验收等专业技术相关工作。各级政府根据实际情况组建专家库，结合工作需要制定专家库管理条例，明确具体工作，协调好各部门同专家库的关系，充分发挥专家的专业优势。

 小资料

《深圳市工伤预防专家库管理办法（试行）》第十条规定，专家库入库专家应当履行以下义务：

（1）遵守法律法规，严格执行有关政策规定，遵守职业道德，坚持工作原则，对照工作标准，公正、客观、科学地开展工作，不得弄虚作假；

（2）遵守保密制度，尊重个人隐私，保守被服务（调查）对象的商业和技术秘密；

（3）遵守回避制度，负责参与本人已作出初评、评审、评估、验收意见的答疑或者项目的复评、复审等工作时应当及时向委托单位提出回避，接受委托单位提出的正当回避要求；

（4）遵守廉洁制度，自觉抵制违法违规行为；

（5）签订《深圳市工伤预防专家承诺书》，并履行承诺书相关内容，自觉接受监督；

（6）根据评审、验收相关工作规则，对本人初评、评审、评估、验收意见签名确认；

（7）及时更新、记录和反馈参加评审等工作情况，个人信息发生变化应当主动报告，积极参与年度考核；

（8）突发重大工伤事故、职业卫生安全事件等紧急情况下，接受委托单位委托并应当按要求时限到达现场提供技术服务。

第十一条规定，专家库入库专家应当遵守客观公正、实事求是的原则，按照独立评审、保密、回避、廉洁的规定履行职责。

3.9 切实加强对工伤预防工作的考核监督

3.9.1 工伤预防工作纳入省级安全生产考核

【相关条款】

将工伤预防工作开展情况纳入对省级政府安全生产目标责任考核内容，促进提高工伤预防工作的实效。

【条款详解】

本条的主要内容是：明确将工伤预防工作纳入省级政府安全生产考核，切实加强工伤预防工作考核监督的任务。

问题：如何加强工伤预防工作的考核监督？

工伤预防工作的考核监督需要各级政府负有安全生产监督管理职责的部门通力配合，明晰职责。在考核监督过程中严格遵守法律、法规、规章制度和技术标准等规定，依法依规检查安全生产目标完成情况,对发现的问题及时处理。

《安全生产法》第六十二条规定,县级以上地方各级人民政府应当根据本行政区域内的安全生产状况,组织有关部门按照职责分工,对本行政区域内容易发生重大生产安全事故的生产经营单位进行严格检查。应急管理部门应当按照分类分级监督管理的要求,制定安全生产年度监督检查计划,并按照年度监督检查计划进行监督检查,发现事故隐患,应当及时处理。

第六十三条规定,负有安全生产监督管理职责的部门依照有关法律、法规的规定,对涉及安全生产的事项需要审查批准(包括批准、核准、许可、注册、认证、颁发证照等,下同)或者验收的,必须严格依照有关法律、法规和国家标准或者行业标准规定的安全生产条件和程序进行审查;不符合有关法律、法规和国家标准或者行业标准规定的安全生产条件的,不得批准或者验收通过。对未依法取得批准或者验收合格的单位擅自从事有关活动的,负责行政审批的部门发现或者接到举报后应当立即予以取缔,并依法予以处理。对已经依法取得批准的单位,负责行政审批的部门发现其不再具备安全生产条件的,应当撤销原批准。

《国家安全监管总局 国家煤矿安监局关于开展职业健康执法年活动的通知》(安监总安健〔2018〕27号)第四条规定:

(1)强化组织领导

各级安全监管监察部门要高度重视执法年活动,精心组织,明确责任,细化措施,抓好落实。主要负责同志要搞好统筹协调,将执法年活动有关部署纳入年度监督检查计划,与日常监督检查、重点行业专项治理、安全生产大检查、隐患排查治理等紧密结合起来,统筹安全生产与职业健康执法力量,全面加强职业健康执法工作,推动执法年活动有序深入开展。

(2)建立通报制度

各省级安全监管局、省级煤矿安监局分别于4月5日、7月5日、10月10日前将工作阶段性进展报送国家安全监管总局、国家煤矿安监局,报送内容包括活动安排部署、执法检查、行政处罚、典型案例、"黑名单"企业以及《职业健康执法年活动统计表》或《煤矿职业健康执法年统计表》等情况。国家安全监管总局、国家煤矿安监局将对前3季度和全年执法年活动情况分别进行通报。各地区也要建立定期通报制度,及时调度、汇总、分析和通报本地区执法年活动情况。

(3)严格目标考核

国家安全监管总局将把职业健康执法工作内容纳入对省级政府安全生产工作考核,根据实际情况调整和完善相应考核指标。各地区也要将职业健康监督执法工作纳入本地区安全生产目标责任考核内容,大力推进职业健康执法工作。

(4)加强执法保障

各级安全监管监察部门要针对职业健康执法工作专业性、技术性强的特点,配备与工作任务相适应的执法装备、设备和仪器。要加强对监管监察执法人员的培训,提高职业健康执法规范化水平。对职业病防护设施运行情况、职业病危害因素检测是否全面规范等工作,可邀请有关专家参与执法检查。

(5)加强舆论宣传

各级安全监管监察部门要充分发挥各类媒体作用,采用多种形式广泛宣传,营造有利于执法年活动开展的浓厚氛围。要加大对严重违法违规行为、重大问题的曝光力度,切实起到"曝光一起、警示一片"的效果,同时要注重宣传树立一批优秀典型,充分发挥其示范引导作用。

《国务院办公厅关于加强安全生产监管执法的通知》(国办发〔2015〕20号)第二条明确提出,要建立完善安全监管责任制。依法加快建立生产经营单位负责、职工参与、政府监管、行业自律和社会监督的安全生产工作机制。全面建立"党政同责、一岗双责、齐抓共管"的安全生产责任体系,落实属地监管责任。负有安全生产监督管理职责的部门要加强对有关行业领域的监督管理,形成综合监管和行业监管合力,提高监管效能,切实做到管行业必须管安全、管业务必须管安全、管生产经营必须管安全。加强安全生产目标责任考核,各级安全生产监督管理部门要定期向同级组织部门报送安全生产情况,将其纳入领导干部政绩业绩考核内容,严格落实安全生产"一票否决"制度。

《国务院安委会办公室关于安全生产大检查动员部署和自查自改有关情况的通报》(安委办函〔2017〕40号)第一条明确提出,要加强领导,强化责任落实。各地区、各有关部门强化政治自觉和责任意识,把开展大检查作为当前安全生产工作的首要任务,主要负责人亲自组织研究,层层动员部署,明确责任分工,细化工作措施。32个省级统计单位和30个国务院安委会成员单位都制定了实施方案,大多数地区和部门主要负责人担任大检查领导小组组长,并带头深入基层和企业检查督导,站到大检查工作第一线。吉林、山西等6省所有副省长均担任领导小组副组长,形成工作合力。浙江、福建等省将大检查时间延长至年底，巩固工作成果。云南、青海等省提高大检查工作考核在安全生产目标责任考核中的比重（占年度考核总分不低于15%），加大工作考核力度。山东省明确大检查期间发生事故，严格实行"一票否决"。

3.9.2 工伤预防项目全程监管

【相关条款】

加强对工伤预防项目事前、事中、事后全过程监管，按照项目进展安排全程检查、全程跟踪、全程问效。

【条款详解】

本条的主要内容是：明确加强工伤预防项目全程监管、全程检查、全程跟踪、全程问效的任务。

问题1：如何对工伤预防项目实行全程监管？

设置监管机构，依据有关法律、法规、标准、规范等文件制定全流程的监管制度，实现全程检查。工作中不同部门分工协作，互相配合，建立信息沟通机制，按照职能分配任务，对不同阶段的项目实施监管。

《人力资源社会保障部办公厅关于确认工伤预防试点城市的通知》（人社厅发〔2013〕111号）第三条明确提出，要加强对工伤预防项目实施监管：要对工伤预防项目实施全过程、全方位监管，不留死角，严格支付审核，确保基金支付合法合规。

《职业病防治法》第六十二条规定，县级以上人民政府职业卫生监督管理部门依照职业病防治法律、法规、国家职业卫生标准和卫生要求，依据职责划分，对职业病防治工作进行监督检查。

《国家安全监管总局关于贯彻落实〈建设项目职业病防护设施"三同时"监督管理办法〉的通知》(安监总厅安健〔2017〕37号)第三条明确提出,要加强监督检查,依法履行职责:地方各级安全监管部门要与有关投资主管部门建立建设项目立项信息共享机制,进一步加强协调配合,及时掌握本地区建设项目的基本情况。要以职业病危害严重行业领域的建设单位为重点监管对象,以职业病防护设施的验收活动和验收结果为重点监督核查环节,进一步加大建设项目职业病防护设施"三同时"监管执法力度。要按照本办法要求,将建设单位组织开展建设项目职业病防护设施"三同时"工作情况纳入年度监督检查计划,创新监管方式和手段,督促指导建设单位依法依规开展"三同时"工作。要建立健全执法全过程记录和信息公开制度,公开执法检查内容、过程和结果。对违反"三同时"有关规定的建设单位和提供评价、设计服务的单位,要严格查处、严厉处罚、严格追责,情节严重的,要按照规定实施联合惩戒,并纳入安全生产"黑名单"。

《尘肺病防治条例》第五条规定,企业、事业单位的主管部门应当根据国家卫生等有关标准,结合实际情况,制定所属企业的尘肺病防治规划,并督促其施行。乡镇企业主管部门,必须指定专人负责乡镇企业尘肺病的防治工作,建立监督检查制度,并指导乡镇企业对尘肺病的防治工作。

第十五条规定,卫生行政部门、劳动部门和工会组织分工协作,互相配合,对企业、事业单位的尘肺病防治工作进行监督。

问题 2:工伤预防项目监管的内容有哪些?

工伤预防项目监管的内容通常涉及项目执行过程中对法律法

规的执行情况，标准规定的建立情况，人员、岗位职责落实情况，职业病防治情况，职业卫生培训工作开展情况，职业健康检查机构的备案、信息报告等落实情况，工伤预防项目的实施情况和工伤预防费的使用情况，以及工伤预防项目竣工后的评估验收情况。

《职业病诊断与鉴定管理办法》第五十一条规定，县级以上地方卫生健康主管部门应当定期对职业病诊断机构进行监督检查，检查内容包括：法律法规、标准的执行情况；规章制度建立情况；备案的职业病诊断信息真实性情况；按照备案的诊断项目开展职业病诊断工作情况；开展职业病诊断质量控制、参加质量控制评估及整改情况；人员、岗位职责落实和培训等情况；职业病报告情况。

《人力资源社会保障部关于进一步做好工伤预防试点工作的通知》（人社部发〔2013〕32号）第二条规定，试点城市要严格按照《工伤保险条例》的规定和本通知要求，明确流程，规范管理，加强监督，确保基金使用安全。

第四条规定，试点城市社会保险经办机构应按照合同规定，加强对提供服务的组织开展的宣传、培训等活动的监督，确保合同的规定落到实处；定期向社会公布工伤预防项目的实施情况和工伤预防费的使用情况，接受参保单位和社会各界的监督。

第六条规定，建立部、省（区、市）、市社会保险行政部门联系报告制度。试点城市每年2月底前应将本年度工伤预防项目实施方案，以及上一年度工伤预防项目实施情况总结（包括项目确定、具体执行及基金支出等）分别报送省社会保险行政部门和部工伤保险司、社保中心。试点工作中遇到的重大问题，应及时报告部工伤保险司。

《关于加强农民工尘肺病防治工作的意见》(国卫疾控发〔2016〕2号)第三条规定，各级安全监管部门要会同能源等行业管理部门，深入开展矿山开采、建材生产等粉尘危害严重行业领域的专项治理。加大对用人单位粉尘防治工作的监督检查力度，依法查处违法违规行为，对工艺落后、粉尘危害严重且整改无望的企业，要提请地方政府依法予以关闭。要建立粉尘危害企业黑名单制度，对违法违规企业坚决予以曝光。加大尘肺病事件的查处力度，对出现群体性尘肺病的用人单位，依法从严从重查处并追究相关责任人的责任。

第七条规定，各地要高度重视农民工尘肺病防治工作，将其纳入本地国民经济和社会发展计划以及职业病防治规划，纳入本地健康城市的创建工作，加强领导协调，研究落实解决农民工尘肺病防治的重大问题，加强尘肺病防治能力建设，保证尘肺病防治工作的经费。各级卫生计生、安全监管、发展改革、科技、工业和信息化、民政、财政、人力资源社会保障、国资、能源等有关部门和工会组织按照职责分工，密切配合，落实防治监管、医疗服务、经费保障等责任，确保各项防治措施落实到位。

《人力资源社会保障部　财政部　国家卫生计生委　国家安全监管总局关于印发工伤预防费使用管理暂行办法的通知》(人社部规〔2017〕13号)第十二条规定，对确定实施的工伤预防项目，统筹地区社会保险经办机构可以根据服务协议或者服务合同的约定，向具体实施工伤预防项目的组织支付30%~70%预付款。项目实施过程中，提出项目的单位应及时跟踪项目实施进展情况，保证项目有效进行。对于行业协会和大中型企业等社会组织直接实施的项目，由人力资源社会保障部门组织第三方中介机构或聘请相关专家对项目实施情况和绩效目标实现情况进行评估验收，形成评估验收报告；对于委托第三方机构实施的，由提出项目的单位或部门通过适当方式组织评估验收，评估验收报告报人力资源社会保障部门备案。评估验收报告作为开展下一年度项目重要依据。

《国家卫生健康委办公厅关于贯彻落实职业健康检查管理办法的通知》（国卫办职健函〔2019〕494号）第一条明确提出，要提高思想认识，认真组织实施：《职业健康检查管理办法》（国家卫生健康委令第2号，以下简称《办法》）根据新修改的《职业病防治法》有关要求，对落实职业健康检查主体责任、优化机构管理方式、强化事中事后监管等作出了明确规定，有利于规范职业健康检查行为，保证工作质量，切实维护劳动者的职业健康权益。各地要充分认识修订《办法》的重要意义，高度重视职业健康检查工作，做到职业健康检查工作与职业健康其他重点工作同部署、同推进、同考核；要制订完善事中事后监管措施，采取"双随机、一公开"监管、重点监管、"互联网+监管"、信用监管等方式加强对职业健康检查工作的监管，确保职业健康检查工作放得开、接得住、管得好。

第五条明确提出，要依法履行职责，加大检查力度：各地要按照《办法》中对职业健康检查机构监督检查内容和频次的要求，进一步加大对职业健康检查机构的备案、规章制度、质量控制、信息报告等落实情况的监督检查力度，严肃查处无《医疗机构执业许可证》或未按规定备案开展职业健康检查、违规开展职业健康检查、未履行职业健康信息报告义务、未按规定告知和报告疑似职业病、出具虚假证明文件、未按照规定参加实验室间比对或者职业健康检查质量考核，以及参加质量考核不合格且未按照要求整改仍开展职业健康检查工作等违法违规行为，并将监督检查结果及时向社会公布。各地要按照《办法》和有关法律法规的规定，进一步加强对用人单位履行职业健康检查及职业健康监护等情况的监督检查，严厉查处违规违法行为。

《关于〈建设项目职业病防护设施"三同时"监督管理办法〉有关问题的说明》第一条明确提出，要建立健全监督检查工作长效机制。重点建立健全与投资主管部门的信息沟通与共享机制，以及建设项目安全设施与职业病防护设施"三同时"一体化监督执法机制。同时还要切实履行监督检查职责。地方安监部门要制订符合实际的年度监督检查计划，重点对建设项目相对集中的工业区、开发区以及职业病危害严重行业领域建设单位开展监督检查，对存在违法行为的建设单位责令限期整改，下达限期整改执法文书，对逾期不整改或整改不到位的，依法进行处罚，不能只检查不执法处罚。

《应急管理部关于加强安全生产执法工作的意见》（应急〔2021〕23号）第二条规定：

（1）科学确定重点检查企业

完善执法计划制度，地方各级应急管理部门要将矿山、危险化学品、烟花爆竹、金属冶炼、涉爆粉尘等重点行业领域安全风险等级较高的企业纳入年度执法计划，确定为重点检查企业，每年至少进行一次"全覆盖"执法检查,其他企业实行"双随机、一公开"执法抽查。对近三年内曾发生生产安全亡人事故、一年内因重大事故隐患被应急管理部门实施过行政处罚、存在重大事故隐患未按期整改销号、纳入失信惩戒名单、停产整顿、技改基建、关闭退出以及主要负责人安全"红线"意识不牢、责任不落实等企业单位,要纳入重点检查企业范围,在正常执法计划的基础上实施动态检查,年度内检查次数至少增加一次。对于安全生产标准化一级企业或三年以上未发生事故等守法守信的重点检查企业,可纳入执法抽查。对典型事故等暴露出的严重违法行为或落实临时性重点任务以及通过投诉举报、转办交办、动态监测等发现的问题,要及时开展执法检查,不受执法计划、固定执法时间和对象限制,确保执法检查科学有效。

(2)聚焦执法检查重点事项

依据重点行业领域重大事故隐患判定标准,分行业领域建立执法检查重点事项清单并动态更新。围绕重点事项开展有针对性的执法检查,确保企业安全风险突出易发生事故的关键环节、要害岗位、重点设施检查到位。执法检查要坚持问题导向、目标导向、结果导向,实施精准执法,防止一般化、简单化、"大呼隆"等粗放式检查扰乱企业生产经营,以防风险、除隐患、遏事故的执法检查实效优化营商环境。

《国家安全监管总局办公厅关于加强用人单位职业卫生培训工作的通知》(安监总厅安健〔2015〕121号)第八条明确提出,要加强对用人单位职业卫生培训的监督检查:各级安全监管监察部门要加强对用人单位职业卫生培训工作的监督检查,指导用人单位依法开展职业卫生培训,帮助用人单位解决培训工作中的实际困难。要利用行政执法、重点帮扶等方式推动培训工作,把职业卫生培训工作开展情况纳入监督执法的重要内容,重点检查培训计划、培训内容、考核结果等,也可以现场检查劳动者的职业病危害防护技能,检验用人单位职业卫生培训的效果。对用人单位未按规定组织劳动者进行职业卫生培训的,由安全监管监察部门给予警告,责令限期改正,逾期不改正的,依法予以处罚。对未经培训就上岗作业的劳动者,一律先离岗、培训合格后再上岗。对发生职业病危害事故的,要依法倒查用人单位职业卫生培训的落实情况,凡存在未经培训上岗的,严格依法予以处罚。

3.9.3 推广工伤预防先进典型、先进做法

【相关条款】

大力推广工伤预防先进典型、先进做法,营造工伤预防正能量。

【条款详解】

本条的主要内容是:明确推广工伤预防先进典型、先进做法的任务。

问题1:工伤预防先进典型、先进做法要满足什么条件?

国家鼓励、支持开展工伤预防工作,并制定了相关奖励规定,对在工伤预防工作中取得显著成绩的单位和个人予以奖励。先进典型、先进做法就是能在工伤预防工作中取得显著成效,发挥明显作用,降低工伤发生频率,减少工伤事故损失的做法。

《安全生产法》第十八条规定,国家鼓励和支持安全生产科学

技术研究和安全生产先进技术的推广应用，提高安全生产水平。

第十九条规定，国家对在改善安全生产条件、防止生产安全事故、参加抢险救护等方面取得显著成绩的单位和个人，给予奖励。

《职业病防治法》第八条规定，国家鼓励和支持研制、开发、推广、应用有利于职业病防治和保护劳动者健康的新技术、新工艺、新设备、新材料，加强对职业病的机理和发生规律的基础研究，提高职业病防治科学技术水平；积极采用有效的职业病防治技术、工艺、设备、材料；限制使用或者淘汰职业病危害严重的技术、工艺、设备、材料。国家鼓励和支持职业病医疗康复机构的建设。

问题2：怎样推广工伤预防先进典型、先进做法？

推广工伤预防工作时，首先选择一些具备条件的城市进行试点工作，在摸索中前进，将一些表现突出、效果明显的企业列为先进典型，总结工作经验，完善工作流程，形成一套先进的工伤预防工作制度。监管部门应建立简报制度，定期上报先进典型、先进做法，组织宣传部门进行有力宣传，使先进做法、制度在全国各地得到有效普及。

《人力资源社会保障部关于进一步做好工伤预防试点工作的通知》（人社部发〔2013〕32号）第四条规定：

（1）审慎稳妥，逐步推开

工伤预防工作政策性强，管理复杂，要按照审慎稳妥的原则先选择一些具备条件的城市（设区的市，以下简称试点城市）试点，待取得经验、条件成熟后再逐步推开。

（2）政府主导，专业运作

在确定项目、编制方案、选择项目实施的组织等工作中，社会保险行政部门要发挥政府主导作用；项目的具体实施要由相应的社会、经济组织负责，实现项目的专业化运作，提高项目实施的质量和水平。

（3）规范管理，确保安全

试点城市要严格按照《工伤保险条例》的规定和本通知要求，明确流程，规范管理，加强监督，确保基金使用安全。

《人力资源社会保障部办公厅关于开展建筑业"同舟计划"——建筑业工伤保险专项扩面行动计划的通知》（人社厅发〔2015〕43号）第二条明确提出，要建立工作简报制度：各省（自治区、直辖市）要定期和不定期编印工作简报，交流各地好的经验做法，通报各地工作进展情况。各地要注意发现、收集、整理本地好的典型和做法，及时报送人社部社保中心和工伤保险司。

《人力资源社会保障部办公厅关于加强2018—2020年工伤保险普法宣传工作的通知》（人社厅函〔2018〕165号）第四条明确提出，要强化队伍，及时报送：各地要进一步加强工伤保险宣传队伍建设，将普法宣传培训作为工伤保险政策培训的重要内容之一。打造省、市、县多层次宣传工作人员交流平台，建立一支了解工伤法规、熟谙传播规律、善于策划运作的宣传队伍。各地在普法宣传中的好经验、好做法、典型案例、先进事迹、先进人物请及时报送部工伤保险司。

工伤预防五年行动计划（2021—2025年）

四、保障措施

（一）加强组织领导。工伤预防是一项系统性工程，也是一项民心工程。人社、财政、应急管理、卫生健康及行业主管部门要切实负起责任，落实安全生产职业卫生法律法规规定的各项职责，负责各自领域工伤预防项目的实施和监管。工会组织要切实发挥好监督作用，督促企业落实工伤预防主体责任，切实维护好职工合法权益。人社部门要充分发挥牵头部门作用，发挥好部门联动工作机制作用，及时召开联席会议，研究解决工作推进中的问题。

（二）勇于创新发展。各地要坚持问题导向、目标导向、效果导向，完善工伤预防工作体系、政策体系、标准体系，加强统计分析，推动解决工伤预防重点难点问题。要建立示范引领和奖惩激励机制，加大工作引导力度，增强用人单位履行主体责任自觉性。要探索建立工伤预防培训机构和线上培训平台推荐清单制度，严把培训实施机构条件关。要坚持大处着眼、细处着手，探索创建一批可操作、可监管、可评价、可推广的工伤预防工作模式。

（三）强化经费保障。各地要认真落实《工伤保险条例》和《工伤预防费使用管理暂行办法》规定，按要求编制工伤预防项目预算，保证工伤预防工作经费，为开展工伤预防工作提供有力支撑。省级人社部门要会同有关部门制定培训项目申报指引和格式文本，为各方规范、精准、便捷申报项目提供支持。要加强基金监管，确保工伤预防费依法合规支出和使用，严格落实项目验收评估制度，防止弄虚作假，坚决杜绝形式主义、官僚主义。

（四）建立长效机制。各地要结合当地实际，健全抓落实长效机制，杜绝一阵风一刀切，推动工伤预防工作日常化、规范化、机制化。要发扬钉钉子精神，以五年为一个周期，坚持一张蓝图绘到底，保持政策稳定性和工作连续性，一年一年干下去，一期一期干下去，久久为功，常抓不懈，推动工伤预防工作不断取得新的成效。

4 保障措施

4.1 加强组织领导

4.1.1 相关主管部门依法落实各项职责

【相关条款】

工伤预防是一项系统性工程，也是一项民心工程。人社、财政、应急管理、卫生健康及行业主管部门要切实负起责任，落实安全生产职业卫生法律法规规定的各项职责，负责各自领域工伤预防项目的实施和监管。

【条款详解】

本条的主要内容是：明确相关主管部门应落实法律法规规定的工伤预防职责，对各自领域工伤预防项目的实施和监管切实负责的保障措施。

问题1：人力资源社会保障部门的工伤预防职责主要有哪些？

人力资源社会保障部门（文件中简称人社部门）主要通过建立工伤保险体系、完善工伤保险制度，统筹工伤预防全局工作。

根据《人力资源和社会保障部主要职责和内设机构》，人社部的工伤保险、工伤预防职责主要包括：统筹推进建立覆盖城乡的多层次工伤保险体系；拟订工伤保险及其补充保险政策和标准；拟订全国统一的工伤保险关系转续办法；组织拟订工伤保险及其补充保险基金管理和监督制度，编制相关保险基金预决算草案，参与拟订相关工伤保险基金投资政策；会同有关部门实施全民参保计划并建立全国统一的工伤保险公共服务平台。

根据《人力资源社会保障部 财政部关于做好工伤保险费率调整工作进一步加强基金管理的指导意见》（人社部发〔2015〕72号）规定，各统筹地区人力资源社会保障部门要会同财政部门依据调整后的全国工伤保险行业基准费率，根据本地区各行业工伤保险费使用、工伤发生率、职业病危害程度等情况，拟订本地区工伤保险行业基准费率的具体标准，报统筹地区人民政府批准后实施。

《工伤保险辅助器具配置管理办法》第三条规定，人力资源社会保障行政部门负责工伤保险辅助器具配置的监督管理工作。

问题2：财政部门的工伤预防职责主要有哪些？

财务部门主要负责工伤保险基金制度的拟订和工伤预防费用

相关规定的制定与修改；并且会同人力资源社会保障、卫生行政等部门，共同监督工伤保险基金的收支和管理情况，并依法处理相关违法行为。

根据《财政部职能配置、内设机构和人员编制规定》，财务部的相关职责主要包括：负责审核并汇总编制全国社会保险基金预决算草案，会同有关部门拟订有关资金（基金）财务管理制度，承担社会保险基金财政监管工作；管理全国社会保障基金理事会。

《社会保险法》第七十一条规定，全国社会保障基金应当定期向社会公布收支、管理和投资运营的情况。国务院财政部门、社会保险行政部门、审计机关对全国社会保障基金的收支、管理和投资运营情况实施监督。

第七十八条规定，财政部门、审计机关按照各自职责，对社会保险基金的收支、管理和投资运营情况实施监督。

第八十二条规定，任何组织或者个人有权对违反社会保险法律、法规的行为进行举报、投诉。社会保险行政部门、卫生行政部门、社会保险经办机构、社会保险费征收机构和财政部门、审计机关对属于本部门、本机构职责范围的举报、投诉，应当依法处理；对不属于本部门、本机构职责范围的，应当书面通知并移交有权处理的部门、机构处理。

第九十一条规定，违反本法规定，隐匿、转移、侵占、挪用社会保险基金或者违规投资运营的，由社会保险行政部门、财政部门、审计机关责令追回；有违法所得的，没收违法所得；对直接负责的主管人员和其他直接责任人员依法给予处分。

《工伤保险条例》第十二条规定，工伤预防费用的提取比例、使用和管理的具体办法，由国务院社会保险行政部门会同国务院财政、卫生行政、安全生产监督管理等部门规定。

第五十一条规定，财政部门和审计机关依法对工伤保险基金的收支、管理情况进行监督。

问题3：应急管理部门的工伤预防职责主要有哪些？

应急管理部门的主要职责是监督管理各行业的安全生产与应急管理工作，通过安全生产制度制定和安全生产人员资质审批，以及对企业安全生产的监督检查、生产安全事故预防管理、事故隐患治理、职业病防治、安全事项审批、安全生产宣传落实等，预防和减少生产安全事故和职业病发生的可能性，从而落实工伤预防职责。

《安全生产法》第十条规定，国务院应急管理部门依照本法，对全国安全生产工作实施综合监督管理；县级以上地方各级人民政府应急管理部门依照本法，对本行政区域内安全生产工作实施综合监督管理。

国务院交通运输、住房和城乡建设、水利、民航等有关部门依照本法和其他有关法律、行政法规的规定，在各自的职责范围内对有关行业、领域的安全生产工作实施监督管理；县级以上地方各级人民政府有关部门依照本法和其他有关法律法规的规定，在各自的职责范围内对有关行业、领域的安全生产工作实施监督管理。对新兴行业、领域的安全生产监督管理职责不明确的，由县级以上地方各级人民政府按照业务相近的原则确定监督管理部门。

应急管理部门和对有关行业、领域的安全生产工作实施监督管理的部门，统称负有安全生产监督管理职责的部门。负有安全生产监督管理职责的部门应当相互配合、齐抓共管、信息共享、资源共用，依法加强安全生产监督管理工作。

第十三条规定，各级人民政府及其有关部门应当采取多种形式，加强对有关安全生产的法律、法规和安全生产知识的宣传，增强全社会的安全生产意识。

第三十四条规定，负有安全生产监督管理职责的部门应当加强对建设单位验收活动和验收结果的监督核查。

第四十一条规定，县级以上地方各级人民政府负有安全生产监督管理职责的部门应当将重大事故隐患纳入相关信息系统，建立健全重大事故隐患治理督办制度，督促生产经营单位消除重大事故隐患。

第六十二条规定，应急管理部门应当按照分类分级监督管理的要求，制定安全生产年度监督检查计划，并按照年度监督检查计划进行监督检查，发现事故隐患，应当及时处理。

第六十五条规定，应急管理部门和其他负有安全生产监督管理职责的部门依法开展安全生产行政执法工作，对生产经营单位执行有关安全生产的法律、法规和国家标准或者行业标准的情况进行监督检查，行使以下职权：

（1）进入生产经营单位进行检查，调阅有关资料，向有关单位和人员了解情况。

（2）对检查中发现的安全生产违法行为，当场予以纠正或者要求限期改正；对依法应当给予行政处罚的行为，依照本法和其他有关法律、行政法规的规定作出行政处罚决定。

（3）对检查中发现的事故隐患，应当责令立即排除；重大事故隐患排除前或者排除过程中无法保证安全的，应当责令从危险区域内撤出作业人员，责令暂时停产停业或者停止使用相关设施、设备；重大事故隐患排除后，经审查同意，方可恢复生产经营和使用。

（4）对有根据认为不符合保障安全生产的国家标准或者行业标准的设施、设备、器材以及违法生产、储存、使用、经营、运输的危险物品予以查封或者扣押，对违法生产、储存、使用、经营危险物品的作业场所予以查封，并依法作出处理决定。

第七十条规定，负有安全生产监督管理职责的部门依法对存在重大事故隐患的生产经营单位作出停产停业、停止施工、停止使用相关设施或者设备的决定，生产经营单位应当依法执行，及时消除事故隐患。生产经营单位拒不执行，有发生生产安全事故的现实危险的，在保证安全的前提下，经本部门主要负责人批准，负有安全生产监督管理职责的部门可以采取通知有关单位停止供电、停止供应民用爆炸物品等措施，强制生产经营单位履行决定。通知应当采用书面形式，有关单位应当予以配合。

第七十九条规定，国务院应急管理部门牵头建立全国统一的生产安全事故应急救援信息系统，国务院交通运输、住房和城乡建设、水利、民航等有关部门和县级以上地方人民政府建立健全相关行业、领域、地区的生产安全事故应急救援信息系统，实现互联互通、信息共享，通过推行网上安全信息采集、安全监管和监测预警，提升监管的精准化、智能化水平。

第八十五条规定，有关地方人民政府和负有安全生产监督管理职责的部门的负责人接到生产安全事故报告后，应当按照生产安全事故应急救援预案的要求立即赶到事故现场，组织事故抢救。

参与事故抢救的部门和单位应当服从统一指挥，加强协同联动，采取有效的应急救援措施，并根据事故救援的需要采取警戒、疏散等措施，防止事故扩大和次生灾害的发生，减少人员伤亡和财产损失。

第八十九条规定，县级以上地方各级人民政府应急管理部门应当定期统计分析本行政区域内发生生产安全事故的情况，并定期向社会公布。

问题4：卫生健康部门的工伤预防职责主要有哪些？

卫生健康部门负责制定、修改工伤医疗制度及相关规定和职业病目录、诊断标准以及职业病防治相关规定，并会同其他部门共同监督管理企业未成年工、女职工工作情况，以及有关有毒物品和高温场所的工作情况。

《社会保险法》第二十九条规定，社会保险行政部门和卫生行政部门应当建立异地就医医疗费用结算制度，方便参保人员享受基本医疗保险待遇。

《工伤保险条例》第十二条规定，工伤预防费用的提取比例、使用和管理的具体办法，由国务院社会保险行政部门会同国务院财政、卫生行政、安全生产监督管理等部门规定。

第二十二条规定，劳动能力鉴定标准由国务院社会保险行政部门会同国务院卫生行政部门等部门制定。

第三十条规定，工伤保险诊疗项目目录、工伤保险药品目录、工伤保险住院服务标准，由国务院社会保险行政部门会同国务院卫生行政部门、食品药品监督管理部门等部门规定。

《工伤保险辅助器具配置管理办法》第三条规定，人力资源社会保障行政部门负责工伤保险辅助器具配置的监督管理工作。民政、卫生计生等行政部门在各自职责范围内负责工伤保险辅助器具配置的有关监督管理工作。

《职业病防治法》第二条规定，职业病的分类和目录由国务院卫生行政部门会同国务院劳动保障行政部门制定、调整并公布。

第十二条规定，有关防治职业病的国家职业卫生标准，由国务院卫生行政部门组织制定并公布。国务院卫生行政部门应当组织开展重点职业病监测和专项调查，对职业健康风险进行评估，为制定职业卫生标准和职业病防治政策提供科学依据。县级以上地方人民政府卫生行政部门应当定期对本行政区域的职业病防治情况进行统计和调查分析。

第四十五条规定，职业病诊断标准和职业病诊断、鉴定办法由国务院卫生行政部门制定。职业病伤残等级的鉴定办法由国务院劳动保障行政部门会同国务院卫生行政部门制定。

第五十一条规定，县级以上地方人民政府卫生行政部门负责本行政区域内的职业病统计报告的管理工作，并按照规定上报。

第五十二条规定，职业病诊断争议由设区的市级以上地方人民政府卫生行政部门根据当事人的申请，组织职业病诊断鉴定委员会进行鉴定。

第五十三条规定，省、自治区、直辖市人民政府卫生行政部门应当设立相关的专家库，需要对职业病争议作出诊断鉴定时，由当事人或者当事人委托有关卫生行政部门从专家库中以随机抽取的方式确定参加诊断鉴定委员会的专家。

《使用有毒物品作业场所劳动保护条例》第三条规定，一般有毒物品目录、高毒物品目录由国务院卫生行政部门会同有关部门依据国家标准制定、调整并公布。

第十三条规定，新建、扩建、改建的建设项目和技术改造、技术引进项目（以下统称建设项目），可能产生职业中毒危害的，应当依照职业病防治法的规定进行职业中毒危害预评价，并经卫生行政部门审核同意；可能产生职业中毒危害的建设项目的职业中毒危害防护设施应当与主体工程同时设计、同时施工、同时投入生产和使用；建设项目竣工，应当进行职业中毒危害控制效果评价，并经卫生行政部门验收合格。存在高毒作业的建设项目的职业中毒危害防护设施设计，应当经卫生行政部门进行卫生审查；经审查，符合国家职业卫生标准和卫生要求的，方可施工。

第四十七条规定，县级以上人民政府卫生行政部门应当依照本条例的规定和国家有关职业卫生要求，依据职责划分，对作业场所使用有毒物品作业及职业中毒危害检测、评价活动进行监督检查。

第四十八条规定，卫生行政部门应当建立、健全监督制度，核查反映用人单位有关劳动保护的材料，履行监督责任。

第四十九条规定，卫生行政部门应当监督用人单位严格执行有关职业卫生规范。

第五十条规定，卫生行政部门应当采取措施，鼓励对用人单位的违法行为进行举报、投诉、检举和控告。卫生行政部门对举报、投诉、检举和控告应当及时核实,依法作出处理,并将处理结果予以公布。

《女职工劳动保护特别规定》第四条规定,国务院安全生产监督管理部门会同国务院人力资源社会保障行政部门、国务院卫生行政部门根据经济社会发展情况,对女职工禁忌从事的劳动范围进行调整。

《防暑降温措施管理办法》第四条规定,国务院安全生产监督管理部门、卫生行政部门、人力资源社会保障行政部门依照相关法律、行政法规和国务院确定的职责,负责全国高温作业、高温天气作业劳动保护的监督管理工作。县级以上地方人民政府安全生产监督管理部门、卫生行政部门、人力资源社会保障行政部门依据法律、行政法规和各自职责,负责本行政区域内高温作业、高温天气作业劳动保护的监督管理工作。

问题5:行业主管部门的工伤预防职责主要有哪些?

行业主管部门的工伤预防职责主要是配合社会保险行政部门和劳动行政部门,制定相关行业的工伤保险制度,监督管理行业标准的制定和实施。

《工伤保险条例》第十一条规定,工伤保险基金逐步实行省级统筹。跨地区、生产流动性较大的行业,可以采取相对集中的方式异地参加统筹地区的工伤保险。具体办法由国务院社会保险行政部门会同有关行业的主管部门制定。

《劳动合同法》第七十三条规定,县级以上各级人民政府劳动行政部门在劳动合同制度实施的监督管理工作中,应当听取工会、企业方面代表以及有关行业主管部门的意见。

《安全生产法》第三十九条规定，生产、经营、运输、储存、使用危险物品或者处置废弃危险物品的，由有关主管部门依照有关法律、法规的规定和国家标准或者行业标准审批并实施监督管理。

4.1.2 工会组织有效发挥监督作用

【相关条款】

工会组织要切实发挥好监督作用，督促企业落实工伤预防主体责任，切实维护好职工合法权益。

【条款详解】

本条的主要内容是：明确工会组织发挥好工伤预防监督作用的保障措施。

问题1：工会组织的工伤预防职责主要有哪些？

工会是代表工人阶级利益的群众组织，应当依法维护职工的合法权益。根据相关法律法规，工会依法对用人单位安全生产、安全事故管理、职业病防治、职工社会保险权益相关事项进行监督，在相关法律法规制定和执行过程中，应当充分听取工会的意见和建议。

《中华人民共和国工会法》（以下简称《工会法》）第二条规定，工会是职工自愿结合的工人阶级的群众组织。中华全国总工会及其各工会组织代表职工的利益，依法维护职工的合法权益。

第六条规定，维护职工合法权益是工会的基本职责。工会在维护全国人民总体利益的同时，代表和维护职工的合法权益。工会依照法律规定通过职工代表大会或者其他形式，组织职工参与本单位的民主决策、民主管理和民主监督。

《中华人民共和国劳动争议调解仲裁法》第八条规定，县级以上人民政府劳动行政部门会同工会和企业方面代表建立协调劳动关系三方机制，共同研究解决劳动争议的重大问题。

《安全生产法》第七条规定，工会依法对安全生产工作进行监督。

《工伤保险条例》第五十三条规定，工会组织依法维护工伤职工的合法权益，对用人单位的工伤保险工作实行监督。

《劳动保障监察条例》第七条规定，各级工会依法维护劳动者的合法权益，对用人单位遵守劳动保障法律、法规和规章的情况进行监督。劳动保障行政部门在劳动保障监察工作中应当注意听取工会组织的意见和建议。

问题 2：工会组织应该如何发挥好监督作用？

工会组织依法在以下方面发挥监督作用，从而促进企业工伤预防工作：

（1）依法监督用人单位的安全生产工作

《安全生产法》第七条规定，工会依法对安全生产工作进行监督。

《工会法》第二十三条规定，工会依照国家规定对新建、扩建企业和技术改造工程中的劳动条件和安全卫生设施与主体工程同时设计、同时施工、同时投产使用进行监督。对工会提出的意见，企业或者主管部门应当认真处理，并将处理结果书面通知工会。

第二十四条规定，工会发现企业违章指挥、强令工人冒险作业，或者生产过程中发现明显重大事故隐患和职业危害，有权提出解决的建议，企业应当及时研究答复；发现危及职工生命安全的情况时，工会有权向企业建议组织职工撤离危险现场，企业必须及时作出处理决定。

（2）依法监督用人单位的事故调查处理工作

《工会法》第二十六条规定，职工因工伤亡事故和其他严重危害职工健康问题的调查处理，必须有工会参加。工会应当向有关部门提出处理意见，并有权要求追究直接负责的主管人员和有关责任人员的责任。对工会提出的意见，应当及时研究，给予答复。

《生产安全事故报告和调查处理条例》第三十三条规定，事故发生单位应当认真吸取事故教训，落实防范和整改措施，防止事故再次发生。防范和整改措施的落实情况应当接受工会和职工的监督。

（3）依法监督用人单位的职业病防治工作

《职业病防治法》第四条规定，工会组织依法对职业病防治工作进行监督，维护劳动者的合法权益。用人单位制定或者修改有关职业病防治的规章制度，应当听取工会组织的意见。

第四十条规定，工会组织应当督促并协助用人单位开展职业卫生宣传教育和培训，有权对用人单位的职业病防治工作提出意见和建议，依法代表劳动者与用人单位签订劳动安全卫生专项集体合同，与用人单位就劳动者反映的有关职业病防治的问题进行协调并督促解决。工会组织对用人单位违反职业病防治法律、法规，侵犯劳动者合法权益的行为，有权要求纠正；产生严重职业病危害时，有权要求采取防护措施，或者向政府有关部门建议采取强制性措施；发生职业病危害事故时，有权参与事故调查处理；发现危及劳动者生命健康的情形时，有权向用人单位建议组织劳动者撤离危险现场，用人单位应当立即作出处理。

《尘肺病防治条例》第十六条：工会组织负责组织职工群众对本单位的尘肺病防治工作进行监督，并教育职工遵守操作规程与防尘制度。

《使用有毒物品作业场所劳动保护条例》第八条规定，工会组织应当督促并协助用人单位开展职业卫生宣传教育和培训，对用人单位的职业卫生工作提出意见和建议，与用人单位就劳动者反映的职业病防治问题进行协调并督促解决。

（4）依法监督职工社会保险权益落实

《社会保险法》第九条规定，工会依法维护职工的合法权益，有权参与社会保险重大事项的研究，参加社会保险监督委员会，对与职工社会保险权益有关的事项进行监督。

《工伤保险条例》第六条规定，社会保险行政部门等部门制定工伤保险的政策、标准，应当征求工会组织、用人单位代表的意见。

（5）依法监督女职工、未成年工以及高温作业情况

《女职工劳动保护特别规定》第十二条规定，工会、妇女组织依法对用人单位遵守本规定的情况进行监督。

《未成年工特殊保护规定》第十一条规定，各级工会组织对本规定的执行情况进行监督。

《防暑降温措施管理办法》第二十条规定，工会组织依法对用人单位的高温作业、高温天气劳动保护措施实行监督。发现违

法行为，工会组织有权向用人单位提出，用人单位应当及时改正。用人单位拒不改正的，工会组织应当提请有关部门依法处理，并对处理结果进行监督。

问题 3：工会组织应该如何维护好职工合法权益？

《工会法》第六条规定，维护职工合法权益是工会的基本职责。工会在维护全国人民总体利益的同时，代表和维护职工的合法权益。根据《中华全国总工会关于进一步加强新形势下工会保障工作的意见》（总工发〔2014〕22号），要维护职工的合法权益，应从以下几个方面着手：

（1）把工会保障工作纳入党政主导的劳动和社会保障法律法规制度体系中，实现"制度保障"。把涉及职工劳动经济权益的各项制度政策纳入到劳动和社会保障法律制度体系之中，从根本上和源头上维护职工的合法权益。

（2）加强劳动和社会保障法律法规监督执行，依法维护职工权益。党和政府建立了比较完善劳动和社会保障法律法规和政策制度体系，各级工会组织应当充分发挥制度体系的作用，积极参与涉及职工劳动经济权益的监督工作。

（3）加强法治教育，开展劳动和社会保障法律法规政策宣传。运用多种方式、特别是新媒体技术，深入开展劳动和社会保障法律法规政策宣传，引导广大职工特别是农民工增强法治观念、提高维权能力。

（4）推动社会保障体系的完善。以推进社会保险制度改革为重点，推动建立多层次社会保障体系，督促企业、职工依法参加社会保险。开展职工医疗互助活动，作为国家社会保障体系重要补充。及时掌握企业用工、参保等情况，协助政府加大劳动监察执法力度，依法开展社会监督，保障劳动者的社会保险权益。

（5）加强维护农民工权益工作。加大农民工工伤权益保障工作开展力度，保障农民工的合法权益。推动各项社会保障制度有效衔接，提高农民工社会保险的参保率，协助有关部门和企业行政解决农民工在维权方面遇到的实际困难。

此外，根据《人力资源社会保障部　住房城乡建设部　安全监管总局　全国总工会关于进一步做好建筑业工伤保险工作的意见》（人社部发〔2014〕103号）规定，应积极发挥工会组织在职工工伤维权工作中的作用。具备条件的企业工会要设立工伤保障专员，学习掌握工伤保险政策，介入工伤事故处理的全过程，了解工伤职工需求，跟踪工伤待遇支付进程，监督工伤职工各项权益落实情况。

《社会保险法》第九条规定，工会依法维护职工的合法权益，有权参与社会保险重大事项的研究，参加社会保险监督委员会，对与职工社会保险权益有关的事项进行监督。

小资料

《工会法》是为保障工会在国家政治、经济和社会生活中的地位，确定工会的权利与义务，发挥工会在社会主义现代化建设事业中的作用，根据宪法制定的法律。其内容共分为七章五十七条。

《工会法》是由第七届全国人民代表大会第五次会议通

过，1992年4月3日中华人民共和国主席令第五十七号公布，根据2009年8月27日第十一届全国人民代表大会常务委员会第十次会议《关于修改部分法律的决定》作出了第二次修改。

4.1.3 人社部门充分发挥牵头作用、部门联动工作机制作用

【相关条款】

人社部门要充分发挥牵头部门作用，发挥好部门联动工作机制作用，及时召开联席会议，研究解决工作推进中的问题。

【条款详解】

本条的主要内容是：明确人力资源社会保障（文件中简称人社）部门在工伤预防工作中应充分发挥牵头作用，落实部门联动工作机制和联席会议制度的保障措施。

问题1：人社部门如何在工伤预防中发挥牵头作用？

建立工伤保障体系和完善工伤保险制度，统筹全国的工伤预防工作，是人社部门的主要工伤预防职责。因此，人社部门作为工伤预防工作的牵头单位，需要发挥牵头作用。

《人力资源社会保障部办公厅关于加快推进建筑业工伤保险工作的通知》（人社厅发〔2016〕43号）规定，人社部门作为社会保险行政管理部门，必须将这项工作作为当前工伤保险扩面的首要任务，牵头推进工作落实。各级人社部门主要负责同志，尤其是分管工伤保险工作的负责同志要亲自做好相关协调工作和任务安排，既要争取党委、政府分管领导的支持，更要协调相关部门建

立良好的沟通合作机制。要重点加强对地市一级工作落实的督导，对工作进展慢、特别是仍存在部门配合不畅问题的地市，要协调当地党委、政府分管领导牵头推进落实。要会同住建、安监、工会等部门研究制定推进建筑业参加工伤保险工作的具体措施，并对推进工作中联合会商、联合督查、信息共享等工作措施作出制度性安排。

问题2：什么是部门联动工作机制？

部门联动工作机制是指社会保险行政管理部门在依法行使职能过程中，按照"信息互通、资源共享、协调有序、务实高效"的原则，通过制度建设，形成有利于各相关部门之间密切配合、有机结合、力量集中的联合工作机制。

《人力资源社会保障部办公厅关于开展建筑业"同舟计划"——建筑业工伤保险专项扩面行动计划的通知》（人社厅发〔2015〕43号）规定，建立和完善人社、住建等部门间协商议事、信息互通、联合督导等机制，切实推进各项工作的落实。

《人力资源社会保障部 财政部关于做好工伤保险费率调整工作 进一步加强基金管理的指导意见》（人社部发〔2015〕72号）规定，各地要加强人力资源社会保障部门、财政部门之间的协同配合，周密制定有关工伤保险费率政策调整和完善基金管理的措施。在相关政策制定和实施中，还要加强同安全生产监管、卫生行政等部门、相关产业部门及工会组织的协同合作，共同促进工伤保险相关政策的落实。

问题3：如何建设部门联动工作机制，充分发挥作用？

《人力资源社会保障部办公厅关于开展建筑业"同舟计

划"——建筑业工伤保险专项扩面行动计划的通知》（人社厅发〔2015〕43号）规定，建立和完善人社、住建等部门间协商议事、信息互通、联合督导等机制，切实推进各项工作的落实。因此，一般从以下几方面建设部门联动工作机制：

（1）建立联席会议制度。联席会议制度是部门联动工作机制的重要组成部分。通过定期召开部门联席会议，各部门共同协商工伤保险工作的相关事宜，及时解决工作中出现的问题。根据《人力资源社会保障部　住房城乡建设部　安全监管总局　全国总工会关于进一步做好建筑业工伤保险工作的意见》（人社部发〔2014〕103号）规定，各地人力资源社会保障、住房城乡建设、安全监管等部门和工会组织要依据国家法律法规和本文件精神，结合本地实际制定具体实施方案，定期召开有关部门协调工作会议，共同研究解决有关难点重点问题，合力做好建筑业职工工伤保险权益保障工作。

（2）加强信息交流与资源共享。"信息互通"是部门联动工作机制的重要原则。应采取多种方式在部门间进行信息传递与交流，促使信息及时、高效地在各相关部门间流动。除传统的内部通报、下发文件等方式，还可以探索应用互联网手段，建设部门间信息共享平台。

《人力资源社会保障部　住房城乡建设部　安全监管总局　全国总工会关于进一步做好建筑业工伤保险工作的意见》（人社部发〔2014〕103号）规定，有关部门和工会组织要建立部门间信息共享机制，及时沟通项目开工、项目用工、参加工伤保险、安全生产监管等信息，实现建筑业职工参保等信息互联互通，为维护建筑业职工工伤权益提供有效保障。

《人力资源社会保障部办公厅关于加快推进建筑业工伤保险工作的通知》（人社厅发〔2016〕43号）规定，要进一步与住建、安监、工会等部门密切合作，整合各自的职能优势，建立畅通高效的长效协调机制，进一步形成工作合力。

建立与住建、安监、工会等部门的信息交换机制，畅通信息共享渠道，共享项目用工、施工许可证发放、参保、安全生产管理等信息资源。

（3）建立部门联合督导制度。各相关部门应每年定期或不定期对工伤事故多发和重点安全生产事故用人单位进行联合排查治理。当社会保险行政主管部门或其他行业主管部门依法对用人单位工伤保险工作情况进行监督管理或依法处罚违法行为时，其余相关部门应尽力配合和协助。

 小案例

2015年四川省人力资源社会保障部门共参与行政应诉881起，其中86%集中在工伤认定。"很多工伤认定情形比较复杂，容易引起争议。类似于上下班途中的交通事故、因工作分歧发生的斗殴等情况的认定标准就很难把握。"四川省人力资源社会保障厅法规处相关负责人表示，目前个别法律法规还不完善，司法机关与行政机关对个别问题的认识也不同。

2016年5月，四川省人力资源社会保障厅与四川省高级法院联合发文,建立行政执法与行政审判联席会议制度。联席会议将通报人力资源社会保障行政执法、行政复议、行政审判等工作情况,研究预防和化解行政争议工作中出现的新情况及重难点问题,探讨有关法律法规的理解与适用问题,统一行政执法与行政审判尺度和标准。

4.2 勇于创新发展

4.2.1 坚持"三个导向",完善"三大体系",加强统计分析

【相关条款】

各地要坚持问题导向、目标导向、效果导向,完善工伤预防工作体系、政策体系、标准体系,加强统计分析,推动解决工伤预防重点难点问题。

【条款详解】

本条的主要内容是:明确工伤预防坚持"三个导向",完善"三大体系",加强统计分析的保障措施。

问题1:什么是"三个导向"?

导向是行动的指引和方向。2020年2月14日,中央全面深化改革委员会第十二次会议强调,要坚持问题导向、目标导向、结果导向。坚持问题导向,就是以解决问题为指引,集中全部力量和有效资源攻坚克难,全力化解工作中的突出矛盾和问题;坚持目标导向,就是以实现目标为方向,持之以恒、一步一步地朝着既定目标奋斗前行;坚持结果导向,就是以工作成效为标准,以实实在在的业绩接受检验、评判工作。做好工伤预防工作必须坚

持这"三个导向"。

"三个导向"需要协调统一。问题导向要针对实施中的难点问题完善政策,不断增强制度建设的整体性、协调性、系统性;目标导向要以工伤预防为目标,有计划地加强法规制度建设;效果导向要以工伤预防实绩和成效为准绳,对工伤预防制度体系不断作出评估与调整。

问题2:目前工伤预防工作存在哪些问题?

(1)小微企业特别是个体工商户参保率低。小微企业负责人认识不到位,往往只注重经济效益,片面追求利益最大化,而不重视职工的合法权益,用工不办理录用手续、不与职工签订劳动合同、不缴纳社会保险费等现象普遍存在。有些用人单位虽然为职工参加了工伤保险,却只愿意为高风险工作岗位职工参加工伤保险,难以实现"应保尽保"。

(2)强制措施力度不够,相关部门缺乏配合协调。《工伤保险条例》第五十八条规定,经办机构有下列行为之一的,由社会保险行政部门责令改正,对直接负责的主管人员和其他责任人员依法给予纪律处分;情节严重,构成犯罪的,依法追究刑事责任;造成当事人经济损失的,由经办机构依法承担赔偿责任:

1)未按规定保存用人单位缴费和职工享受工伤保险待遇情况记录的;

2)不按规定核定工伤保险待遇的;

3)收受当事人财物的。

问题3:如何完善工伤预防"三大体系"?

坚持问题导向、目标导向和效果导向,根据目前工伤预防工作存在的问题,以预防和减少工伤事故和职业病发生为目标,应着手完善工伤预防"三大体系",即工作体系、政策体系、标准体系。

(1)加强主管部门间沟通协作,建立部门联动工作机制。《人力资源社会保障部办公厅关于进一步做好建筑业工伤保险工作的通知》(人社厅函〔2017〕53号)规定,各级人社部门要进一步发挥好牵头作用,会同有关部门加强和完善联席会议、联合督查、信息共享、定期会商等行之有效的部门协作机制。

(2)大力开展工伤保险扩面工作,完善工伤保险参保政策和待遇支付政策。《人力资源社会保障部 住房城乡建设部 安全监管总局 全国总工会关于进一步做好建筑业工伤保险工作的意见》(人社部发〔2014〕103号)规定,要完善符合建筑业特点的工伤保险参保政策,大力扩展建筑企业工伤保险参保覆盖面;同时完善工伤保险待遇支付政策。

(3)通过进一步明确和统一工伤保险缴费标准、工伤认定标准、工伤赔偿标准等工伤保险标准,全面完善工伤预防标准体系。以工伤伤残鉴定为例,我国目前没有统一的工伤伤残鉴定标准,现行的主要是由国家质量监督检验检疫总局、国家标准化委员会颁布的国家标准《劳动能力鉴定 职工工伤与职业病致残等级》(GB/T 16180—2014)。

(4)坚持结果导向。对于正在探索、试行的工伤预防工作模式、制度政策或标准,应根据政策落地难度和实施结果,不断改进试行制度和工作方案,从而不断对工伤预防体系进行完善。

问题 4：为什么解决工伤预防问题需要加强统计分析？

工伤事故统计的目的，是运用科学的统计分析方法，对大量工伤事故资料进行加工、整理、分析和推断，从而揭示事故产生的规律，提出预防措施。国家规定，向上级机关报告的伤亡事故报表，必须如实、全面地反映企业的安全状况和工伤事故情况。

然而，由于政府部门管理不能全面到位、企业出于自身利益考虑等多方面原因，当前企业工伤事故统计工作普遍存在隐瞒、漏报、延报等问题。

如果事故统计工作开展不规范，会对工伤预防造成多方面影响：

（1）影响企业的安全生产工作

隐瞒、漏报、延报工伤事故，一方面使事故隐患不能排除，事故责任者得不到处罚，纵容了违章及渎职行为；另一方面掩盖了企业安全生产工作存在的问题，放松了监督和管理，使企业领导难以做出正确的决策。

（2）影响员工的及时救治

隐瞒、漏报、延报工伤事故，会使企业救治伤员时遮遮掩掩，导致伤员得不到及时救治，甚至可能危及伤员生命。此外，由于未上报工伤事故，受伤职工难以进行工伤认定和参加劳动能力鉴定，无法享受工伤保险待遇及其他应享受的待遇，侵犯了职工的合法权益。

（3）容易产生劳动纠纷

未参加工伤保险的职工受工伤后治疗、护理、补偿等费用应由用人单位解决,但由于事故没有报告,相关部门没有事故档案记录,往往对工伤事故不予认可,容易产生劳动纠纷。

问题5:如何加强统计分析?

对工伤事故和职业病进行统计分析,是重要的工伤预防手段,也是法律法规的要求。《劳动法》第五十七条规定,国家建立伤亡事故和职业病统计报告和处理制度。县级以上各级人民政府劳动行政部门、有关部门和用人单位应当依法对劳动者在劳动过程中发生的伤亡事故和劳动者的职业病状况,进行统计、报告和处理。

关于如何加强统计分析,《国家卫生健康委关于加强卫生健康统计工作的指导意见》(国卫规划发〔2020〕16号)作出了具体规定:加强新形势下卫生健康统计工作,必须牢固树立大卫生大健康理念,坚持依法统计、规范统计过程管理,坚持质量优先、保证数据真实准确,坚持应用导向、服务行业实际需求,坚持创新发展、加强新兴技术应用,进一步拓展覆盖范围,转变工作方式,强化服务效能。力争到2025年,实现卫生健康统计调查体系、队伍建设、数据资源、方式方法日臻完备,统计数据真实性、准确性、完整性不断增强,统计工作法制化、规范化、信息化水平明显提高,有效支撑卫生健康事业高质量发展;到2030年,建立健全科学治理、权威统一、创新驱动、安全高效的统计工作体系,为实施健康中国战略提供重要支撑。

4.2.2 建立示范引领和奖惩激励机制，注重工作引导

【相关条款】

要建立示范引领和奖惩激励机制，加大工作引导力度，增强用人单位履行主体责任自觉性。

【条款详解】

本条的主要内容是：明确建立示范引领和奖惩激励机制，注重工作引导的保障措施。

问题1：如何建立示范引领和奖惩激励机制？

（1）示范引领机制

《人力资源社会保障部办公厅关于设立公布第一批区域性工伤康复示范平台名单有关问题的通知》（人社厅发〔2015〕178号）对建设区域性工伤康复示范平台作出了具体规定，参考该规定可以探索工伤预防示范引领机制的建设方式。

建设工伤预防示范引领机制，需要按照"示范指导、技术探索、业务支持"三大功能定位要求，支持、指导示范单位尽快制定自身优化发展方案，做好本职工作；探索区域专业化网络建设，形成可持续的业务合作和信息共享机制；完善深化技术创新，推进业务服务发展；协助工伤保险管理部门完善工伤预防工作体系建设，推进工伤预防的规范化发展。

（2）奖惩激励机制

《职业病防治法》第十三条规定，任何单位和个人有权对违反本法的行为进行检举和控告。有关部门收到相关的检举和控告后，应当及时处理。对防治职业病成绩显著的单位和个人，给予奖励。

建立奖惩分明的奖惩激励机制,一方面,需要运用经济杠杆和奖惩措施,增强企业履行主体责任自觉性;另一方面,聚焦工伤频发高发、整治不力等企业,采取约谈、警示、曝光等措施,营造良好的工伤预防工作社会氛围。

充分发挥奖惩激励机制的激励作用,其重点不在于"惩",而在于使用合理的奖励措施,激励企业自觉开展工伤预防工作。在对参保企业进行安全生产考评后,通过召开表彰大会、主流媒体宣传报道等形式,对工作开展得好、工伤事故发生率低的企业给予通报表彰和物质奖励,并充分支持用人单位的工伤预防项目经费。

问题2:用人单位应履行哪些主体责任?

(1)主动采取措施提供劳动保障,积极开展工伤预防工作

《劳动保障监察条例》第六条规定,用人单位应当遵守劳动保障法律法规和规章,接受并配合劳动保障监察。

《劳动合同法》第三条规定,依法订立的劳动合同具有约束力,用人单位与劳动者应当履行劳动合同约定的义务。

第四条规定,用人单位应当依法建立和完善劳动规章制度,保障劳动者享有劳动权利、履行劳动义务。

《工伤保险条例》第四条规定,用人单位和职工应当遵守有关安全生产和职业病防治的法律法规,执行安全卫生规程和标准,预防工伤事故发生,避免和减少职业病危害。职工发生工伤时,用人单位应当采取措施使工伤职工得到及时救治。

(2)缴纳工伤保险相关费用

《社会保险法》第三十三条规定,职工应当参加工伤保险,由

用人单位缴纳工伤保险费,职工不缴纳工伤保险费。

第三十五条规定,用人单位应当按照本单位职工工资总额,根据社会保险经办机构确定的费率缴纳工伤保险费。

第三十九条规定,因工伤发生的下列费用,按照国家规定由用人单位支付:

(1)治疗工伤期间的工资福利;

(2)五级、六级伤残职工按月领取的伤残津贴;

(3)终止或者解除劳动合同时,应当享受的一次性伤残就业补助金。

第四十一条规定,职工所在用人单位未依法缴纳工伤保险费,发生工伤事故的,由用人单位支付工伤保险待遇。用人单位不支付的,从工伤保险基金中先行支付。从工伤保险基金中先行支付的工伤保险待遇应当由用人单位偿还。用人单位不偿还的,社会保险经办机构可以依照本法相关的规定追偿。

(3)开展职业卫生培训

《劳动法》第六十八条规定,用人单位应当建立职业培训制度,按照国家规定提取和使用职业培训经费,根据本单位实际,有计划地对劳动者进行职业培训。从事技术工种的劳动者,上岗前必须经过培训。

《国家安全监管总局办公厅关于加强用人单位职业卫生培训工作的通知》(安监总厅安健〔2015〕121号)规定,用人单位是职业卫生培训的责任主体。应当建立职业卫生培训制度,保障职业卫生培训所需的资金投入,将职业卫生培训费用在生产成本中据实列支。要把职业卫生培训纳入本单位职业病防治计划、年度工作计划和目标责任体系，制定实施方案，落实责任人员。要建立健全培训考核制度，严格考核管理，严禁形式主义和弄虚作假。要建立健全培训档案，真实记录培训内容、培训时间、训练科目及考核情况等内容，并将本单位年度培训计划、单位主要负责人和职业卫生管理人员职业卫生培训证明，以及接触职业病危害的劳动者、职业病危害监测人员培训情况等，分类进行归档管理。

（4）保障农民工工伤权益

《劳动和社会保障部关于农民工参加工伤保险有关问题的通知》（劳社部发〔2004〕18号）规定，农民工参加工伤保险、依法享受工伤保险待遇是《工伤保险条例》赋予包括农民工在内的各类用人单位职工的基本权益，各类用人单位招用的农民工均有享受工伤保险待遇的权利。凡是与用人单位建立劳动关系的农民工，用人单位必须及时为他们办理参加工伤保险的手续。

问题3：如何增强用人单位履行主体责任的自觉性？

（1）建立奖惩激励机制，促进用人单位积极履行主体责任

《职业病防治法》第十三条规定，任何单位和个人有权对违反本法的行为进行检举和控告。有关部门收到相关的检举和控告后，应当及时处理。对防治职业病成绩显著的单位和个人，给予奖励。

《中华人民共和国行政处罚法》第六条规定，实施行政处罚，纠正违法行为，应当坚持处罚与教育相结合，教育公民、法人或者其他组织自觉守法。

（2）积极开展工伤预防宣传和培训工作，增强用人单位主动履责的意识

《国家安全监管总局办公厅关于加强用人单位职业卫生培训工

作的通知》(安监总厅安健〔2015〕121号)规定,职业安全健康工作的实践表明,进一步加强职业卫生培训工作,是督促用人单位自觉履行职业病防治主体责任,预防和控制职业病危害,保障劳动者职业安全健康的源头性、基础性举措。

《劳动和社会保障部 卫生部 国家中医药管理局关于加强工伤保险医疗服务协议管理工作的通知》(劳社部发〔2007〕7号)规定,要认真开展工伤保险政策的宣传和培训,充分发挥用人单位在工伤保险医疗服务中的积极性和主动性,动员和引导用人单位协助经办机构和协议医疗机构做好工伤职工的相关管理和服务工作。

4.2.3 严把工伤预防培训实施机构条件关

【相关条款】

要探索建立工伤预防培训机构和线上培训平台推荐清单制度,严把培训实施机构条件关。

【条款详解】

本条的主要内容是:明确建立工伤预防培训机构和线上培训平台推荐清单制度,严把培训实施机构条件关的保障措施。

问题1:工伤预防培训机构应具备什么资质?

工伤预防培训是工伤预防工作的重要环节,一般由企业自行组织培训,或者委托具有相关资质的培训机构开展培训。鉴于工伤预防培训的重要性,对于工伤预防培训机构的资质审查应当仔细、慎重。

《人力资源社会保障部 财政部 国家卫生计生委 国家安全

监管总局关于印发工伤预防费使用管理暂行办法的通知》(人社部规〔2017〕13号)第十一条规定,提供工伤预防服务的机构应遵守《社会保险法》《工伤保险条例》以及相关法律法规的规定,并具备以下基本条件:

(1)具备相应条件,且从事相关宣传、培训业务两年以上并具有良好市场信誉;

(2)具备相应的实施工伤预防项目的专业人员;

(3)有相应的硬件设施和技术手段;

(4)依法应具备的其他条件。

同时,我国部分地方政府根据以上法律法规,对工伤预防培训资质规定作出了具体要求和补充。如深圳市出台了《深圳市人力资源和社会保障局关于开展深圳市2021年工伤预防项目申报的通知》,其中提到,工伤预防项目服务机构应当遵守《社会保险法》《工伤保险条例》以及相关法律法规规定,并具备以下基本条件:

(1)具有独立承担民事责任的能力;

(2)合法登记(注册),业务范围包括相关宣传和(或)培训业务;

(3)从事宣传和(或)培训相关业务两年及以上,无重大违法记录;

(4)具有相应的实施工伤预防项目的专业技术人员(10名以上)、硬件设备、信息技术等服务保障条件;

(5)依法参加社会保险、缴纳税费等。

问题2:如何建设工伤预防线上培训平台?

相较于传统工伤预防线下培训,线上培训平台具有学习效率高、时间利用率高、方便易学等优势,因此开展工伤预防培训工作时,需要适当与互联网手段相结合,切实提高培训质量。《人力资源社会保障部办公厅关于深入推进职业技能提升行动 全面推广职业培训券有关工作的通知》(人社厅发〔2021〕21号)明确提出,要推进线上培训平台应用:依托部属中国职业培训在线平台先行开展职业培训券线上应用试点工作,在试点基础上进一步完善线上培训平台应用方案。通过地方推荐和社会公开遴选,并建立质量评估和退出机制,有序推进职业培训券在部属或者各地线上培训平台的应用。

《国家安全监管总局办公厅关于加强用人单位职业卫生培训工作的通知》(安监总厅安健〔2015〕121号)对建设线上培训平台的具体措施作出了规定,用人单位要充分利用手机短信、微博、微信等方式宣传职业病防治知识,鼓励劳动者集中参加网络在线职业卫生培训学习,有关内容和学时可按规定纳入考核体系。

问题3:怎样对培训实施机构条件严格把关?

(1)严把线下培训机构条件关

我国大力支持包括工伤预防培训机构在内的民办培训机构,颁布了《中华人民共和国民办教育促进法》(以下简称《民办教育促进法》)及其实施方法。这些法律法规明确规定了线下培训机构的实施条件。

《民办教育促进法》第十二条规定,举办实施以职业技能为主的职业资格培训、职业技能培训的民办学校,由县级以上人民政府人力资源社会保障行政部门按照国家规定的权限审批,并抄送同级教育行政部门备案。

《民办教育促进法实施条例》第十四条规定,实施国家认可的教育考试、职业资格考试和职业技能等级考试等考试的机构,举办或者参与举办与其所实施的考试相关的民办学校应当符合国家有关规定。

《民办教育促进法实施条例》第四十九条规定,有关部门应当支持和鼓励民办学校依法建立行业组织,研究制定相应的质量标准,建立认证体系,制定推广反映行业规律和特色要求的合同示范文本。

(2)严把线上培训机构条件关

线上培训开展形式灵活、自由度高,导致线上培训机构质量良莠不齐。因此对于线上培训更要慎重把关、严格准入标准,并对线上培训的内容、实施效果等方面严格考核与监管。

《人力资源社会保障部 财政部关于实施职业技能提升行动"互联网+职业技能培训计划"的通知》(人社部发〔2020〕10号)规定,要加强线上培训管理和监督检查工作,定期采集培训数据,分析线上培训状况,严格监管线上培训过程,杜绝套取培训补贴资金情况的发生。对以虚假线上培训等套取、骗取资金的机构、培训平台及个人须依法依纪严惩。

 小案例

青岛市工伤预防搭建"线上线下"立体培训平台

为进一步推进工伤预防培训工作,有效提升行业企业和职工安全意识,减少工伤事故和职业病的发生。青岛市人力资源社会保障局按照"政府主导、社会参与、职工受益"的原则，会同市卫生健康委、市住房城乡建设局、市应急管理局、市总工会等部门建立了工伤预防"线上线下"立体培训平台。2021年3月29日，全市工伤预防工作培训现场会在市工伤预防教育培训基地召开，培训会邀请专业研发建设人员，通过现场讲解和实地参观的方式，详细全面地介绍了工伤预防"线上线下"立体培训平台。

"青岛市工伤预防教育培训云平台"是工伤保险全周期全体系的线上服务平台。该平台集工伤保险政策、安全预防知识宣传、培训以及工伤业务经办于一体，企业职工通过平台可以自助学习工伤保险、安全生产、急救、职业病防治等方面的知识，同时还可以通过平台办理所有有关工伤保险的网上业务。

"青岛市工伤预防教育培训基地"为全国首家工伤预防场景式线下安全体验基地。该基地是一家实现感官体验与培训实践紧密衔接的综合体验场所，基地设施涵盖交通、消防、建筑施工、机械制造、密闭空间作业等10余个现场体验馆，通过身临其境的体验，达到交互式培训效果。

4.2.4 创建"四可"工伤预防工作模式

【相关条款】

要坚持大处着眼、细处着手，探索创建一批可操作、可监管、可评价、可推广的工伤预防工作模式。

【条款详解】

本条的主要内容是：明确创建"四可"（即可操作、可监管、可评价、可推广）工伤预防工作模式的保障措施。

问题1：如何建设可操作的工伤预防工作模式？

所有的工伤预防工作模式最终都需要落地实施，并在广泛的范围内推广。如果工作提案过于侧重理论研讨以及反映情况，或者只谈问题的引发原因与危害，而缺少有关防范与整改的内容，最终会导致相关工作模式在实践中难以开展，使其流于形式。因此，在探索创新工伤预防工作模式时，要注意其可操作性。

建设可操作的工伤预防工作模式，要求相关部门及工作人员必须要加强调查研究，详细了解工伤预防工作的实际情况与工作流程；坚持问题导向，针对存在的问题找准原因，并提出可操作的意见与建议。如《〈工伤保险条例〉（修订）宣传提纲》指出，修订后的《工伤保险条例》对《社会保险法》有关规定进行了细化，使工伤保险的惠民政策更具有可操作性，对推进《社会保险法》的贯彻实施具有重要的作用。

同时，在总结工作模式、形成工作文件过程中，必须反复打磨，具体化相关措施和流程，并根据工作模式试行的落实难度和实施效果，不断改进和完善工伤预防工作模式。

问题2：如何对工伤预防工作模式进行监管？

为了使更多人了解、参与工伤预防工作，保证工伤预防工作的公正、公平，需要对工伤预防工作模式进行有效监管。通过采取政府部门监管、用人单位监管、个人监管、社会监管等多种形式相结合的方式，建设由上及下的全面工伤预防工作监管体系，并倡导社会广泛参与监管。

（1）各级人民代表大会依法监督工伤预防工作

《社会保险法》第七十六条规定，各级人民代表大会常务委员会听取和审议本级人民政府对社会保险基金的收支、管理、投资运营以及监督检查情况的专项工作报告，组织对本法实施情况的执法检查等，依法行使监督职权。

（2）社会保险行政部门依法对用人单位和个人工伤预防工作进行监督

《工伤保险条例》第五十一条规定，社会保险行政部门依法对工伤保险费的征缴和工伤保险基金的支付情况进行监督检查。财政部门和审计机关依法对工伤保险基金的收支、管理情况进行监督。

《社会保险法》第七十七条规定，县级以上人民政府社会保险行政部门应当加强对用人单位和个人遵守社会保险法律、法规情况的监督检查。社会保险行政部门实施监督检查时，被检查的用人单位和个人应当如实提供与社会保险有关的资料，不得拒绝检查或者谎报、瞒报。

第七十八条规定，财政部门、审计机关按照各自职责，对社会保险基金的收支、管理和投资运营情况实施监督。

第七十九条规定，社会保险行政部门对社会保险基金的收支、管理和投资运营情况进行监督检查，发现存在问题的，应当提出整改建议，依法作出处理决定或者向有关行政部门提出处理建议。

（3）成立社会保险监督委员会进行社会监督

《社会保险法》第八十条规定，统筹地区人民政府成立由用人单位代表、参保人员代表,以及工会代表、专家等组成的社会保险监督委员会,掌握、分析社会保险基金的收支、管理和投资运营情况,对社会保险工作提出咨询意见和建议,实施社会监督。

社会保险经办机构应当定期向社会保险监督委员会汇报社会保险基金的收支、管理和投资运营情况。社会保险监督委员会可以聘请会计师事务所对社会保险基金的收支、管理和投资运营情况进行年度审计和专项审计。审计结果应当向社会公开。

社会保险监督委员会发现社会保险基金收支、管理和投资运营中存在问题的,有权提出改正建议;对社会保险经办机构及其工作人员的违法行为,有权向有关部门提出依法处理建议。

(4)工伤预防相关方有权对政府工伤预防工作提出建议和意见,并进行监督。

《工伤保险条例》第五十条规定,社会保险行政部门、经办机构应当定期听取工伤职工、医疗机构、辅助器具配置机构以及社会各界对改进工伤保险工作的意见。

第五十二条规定,任何组织和个人对有关工伤保险的违法行为,有权举报。社会保险行政部门对举报应当及时调查,按照规定处理,并为举报人保密。

(5)工会组织依法监督工伤预防工作

《工伤保险条例》第五十三条规定,工会组织依法维护工伤职工的合法权益,对用人单位的工伤保险工作实行监督。

《劳动保障监察条例》第七条规定,各级工会依法维护劳动者的合法权益,对用人单位遵守劳动保障法律、法规和规章的情况进行监督。

劳动保障行政部门在劳动保障监察工作中应当注意听取工会组织的意见和建议。

问题3：如何对工伤预防工作模式进行评价？

工伤预防相关工作开展后需要对其进行评价，从而了解工伤预防工作的实施效果，并以此调整后续的工伤预防工作措施。因此，工伤预防工作评价的评价宗旨是维护劳动者权益，实现公平生存权和发展权，实现安全生产，提高劳动生产率，提高工伤预防制度运行内部效率，优化组织结构。评价主要依据系统性、适应性、管理效益性、动态优化、注重预防等原则，多层次全方位地对制度运行和发展作出定性或定量评价。

为了提高评价的效率、专业性和可信度，一般引入第三方机构进行评价。例如：山东省各地都发布了工伤预防项目评估管理办法，积极探索工伤预防工作评价模式。以《烟台市工伤预防项目评估管理暂行办法（试行）》为例，该办法通过直接引入第三方评估机构或聘请相关专家组成评估委员会，从项目立项评估、执行过程评估、项目绩效评估、评估结果应用等四方面对工伤预防工作进行全面评价。对完善工伤预防项目监管机制，创新工伤预防项目管理方式，提升工伤预防工作效果，构建工伤预防长效机制具有重要意义。

问题4：如何建设可推广的工伤预防工作模式？

《关于加强工伤康复试点工作指导意见》（劳社厅发〔2007〕7号）对推广工伤康复试点建设工作给出了指导建议，建设可推广的工伤预防工作模式可以参考这种模式，具体措施总结如下：

（1）全面总结工作试点情况

根据试点情况，借鉴国际经验和已有行业经验，对创新的工伤预防工作模式的发展趋势、制度模式等进行研究论证和科学预测，形成普遍适应全国情况的工伤预防工作规划。

（2）实施多层次工伤预防人才培养战略

积极推进工伤预防人才培养工作，增强相关从业人员对工伤预防工作的认识和理解，逐步建立我国工伤预防从业人员职业标准和培训体系。以这些工伤预防人才为骨干和支点，全面推动工伤预防工作模式推广与实施。

（3）积极交流工作经验，取长补短，共同提升

根据全国工伤康复工作规划的总体要求，组织各地交流试点经验，推广试点成果，传递和分享新的工伤预防技术规范和标准，全面开展工伤预防工作模式推广工作。

 小知识

"大处着眼，小处着手"，出自清朝文康所著《儿女英雄传》，晚清名臣曾国藩将其引为一联对联，使这句话广为人知。其意为从"大"的目标去观察，于"小"的地方去落实。既要从全局和长远的观点出发去考虑问题，也要在具体事情上一件件地做好。

将这种工作态度应用到工伤预防工作中，一方面要求相关部门和从业人员"大处着眼"，从战略角度出发，以问题和目标为导向，规划可以解决实际问题的创新的工伤预防工作模式；另一方面，又需要"小处着手"，打磨新的工作模式的

每项具体措施,在实践中与工作实际相结合,形成可操作、可监管、可评价、可推广的工伤预防工作模式。

4.3 强化经费保障

4.3.1 依法依规提供经费保障

【相关条款】

各地要认真落实《工伤保险条例》和《工伤预防费使用管理暂行办法》规定,按要求编制工伤预防项目预算,保证工伤预防工作经费,为开展工伤预防工作提供有力支撑。

【条款详解】

本条的主要内容是:明确各地依法依规编制工伤预防项目预算,保证工伤预防工作经费及时充足的保障措施。

问题1:《工伤保险条例》中针对工伤保险基金及其使用作了哪些规定?

《工伤保险条例》第七条规定,工伤保险基金由用人单位缴纳的工伤保险费、工伤保险基金的利息和依法纳入工伤保险基金的其他资金构成。

第八条规定,工伤保险费根据以支定收、收支平衡的原则,确定费率。国家根据不同行业的工伤风险程度确定行业的差别费率,并根据工伤保险费使用、工伤发生率等情况在每个行业内确定若干费率档次。行业差别费率及行业内费率档次由国务院社会保险行政部门制定,报国务院批准后公布施行。统筹地区经办机构根据用人单位工伤保险费使用、工伤发生率等情况,适用所属行业内相应的费率档次确定单位缴费费率。

第九条规定，国务院社会保险行政部门应当定期了解全国各统筹地区工伤保险基金收支情况，及时提出调整行业差别费率及行业内费率档次的方案，报国务院批准后公布施行。

第十条规定，用人单位应当按时缴纳工伤保险费。职工个人不缴纳工伤保险费。用人单位缴纳工伤保险费的数额为本单位职工工资总额乘以单位缴费费率之积。对难以按照工资总额缴纳工伤保险费的行业，其缴纳工伤保险费的具体方式，由国务院社会保险行政部门规定。

第十一条规定，工伤保险基金逐步实行省级统筹。跨地区、生产流动性较大的行业，可以采取相对集中的方式异地参加统筹地区的工伤保险。具体办法由国务院社会保险行政部门会同有关行业的主管部门制定。

第十二条规定，工伤保险基金存入社会保障基金财政专户，用于本条例规定的工伤保险待遇，劳动能力鉴定，工伤预防的宣传、培训等费用，以及法律、法规规定的用于工伤保险的其他费用的支付。工伤预防费用的提取比例、使用和管理的具体办法，由国务院社会保险行政部门会同国务院财政、卫生行政、安全生产监督管理等部门规定。任何单位或者个人不得将工伤保险基金用于投资运营、兴建或者改建办公场所、发放奖金，或者挪作其他用途。

第十三条规定，工伤保险基金应当留有一定比例的储备金，用于统筹地区重大事故的工伤保险待遇支付；储备金不足支付的，由统筹地区的人民政府垫付。储备金占基金总额的具体比例和储备金的使用办法,由省、自治区、直辖市人民政府规定。

问题 2:《工伤预防费使用管理暂行办法》中针对工伤预防工作经费保障作了哪些规定?

《工伤预防费使用管理暂行办法》第二条规定,本办法所称工伤预防费是指统筹地区工伤保险基金中依法用于开展工伤预防工作的费用。

第三条规定,工伤预防费使用管理工作由统筹地区人力资源社会保障行政部门会同财政、卫生计生、安全监管行政部门按照各自职责做好相关工作。

第四条规定,工伤预防费用于下列项目的支出:

(1)工伤事故和职业病预防宣传;

(2)工伤事故和职业病预防培训。

第五条规定,在保证工伤保险待遇支付能力和储备金留存的前提下,工伤预防费的使用原则上不得超过统筹地区上年度工伤保险基金征缴收入的3%。因工伤预防工作需要,经省级人力资源社会保障部门和财政部门同意,可以适当提高工伤预防费的使用比例。

第六条规定,工伤预防费使用实行预算管理。统筹地区社会保险经办机构按照上年度预算执行情况,根据工伤预防工作需要,将工伤预防费列入下一年度工伤保险基金支出预算。具体预算编制按照预算法和社会保险基金预算有关规定执行。

第八条规定,统筹地区行业协会和大中型企业等社会组织根据本地区确定的工伤预防重点领域,于每年工伤保险基金预算编制前提出下一年拟开展的工伤预防项目,编制项目实施方案和绩效目标，向统筹地区的人力资源社会保障行政部门申报。

第九条规定，统筹地区人力资源社会保障部门会同财政、卫生计生、安全监管等部门，根据项目申报情况，结合本地区工伤预防重点领域和工伤保险等工作重点，以及下一年工伤预防费预算编制情况，统筹考虑工伤预防项目的轻重缓急，于每年10月底前确定纳入下一年度的工伤预防项目并向社会公开。

第十二条规定，对确定实施的工伤预防项目，统筹地区社会保险经办机构可以根据服务协议或者服务合同的约定，向具体实施工伤预防项目的组织支付30%~70%预付款。

项目实施过程中，提出项目的单位应及时跟踪项目实施进展情况，保证项目有效进行。

对于行业协会和大中型企业等社会组织直接实施的项目，由人力资源社会保障部门组织第三方中介机构或聘请相关专家对项目实施情况和绩效目标实现情况进行评估验收，形成评估验收报告；对于委托第三方机构实施的，由提出项目的单位或部门通过适当方式组织评估验收，评估验收报告报人力资源社会保障部门备案。评估验收报告作为开展下一年度项目重要依据。

评估验收合格后，由社会保险经办机构支付余款。具体程序按社会保险基金财务制度、工伤保险业务经办管理等规定执行。

 小资料

《人力资源社会保障部　财政部关于做好工伤保险费率调整工作　进一步加强基金管理的指导意见》（人社部发〔2015〕72号）中对基金的统筹管理提出以下原则：各地要严格按照"以支定收、收支平衡"的筹资原则，将工伤保险基金结存保持在合理适度的规模。实行地市级统筹的地区，基金累计结存（含储备金，下同）的正常规模原则上控制在12个月左右平均支付水平；实行省级统筹的地区，基金累计结存的正常规模原则上控制在9个月左右平均支付水平。基金累计结存超过正常规模的统筹地区，其行业基准费率的具体标准不得高于《人力资源社会保障部　财政部关于调整工伤保险费率政策的通知》（人社部发〔2015〕71号）中规定的全国工伤保险行业基准费率。实行地市级统筹、省级统筹的地区，基金累计结存规模分别超过18个月、12个月左右平均支付水平的，应通过适时调整行业基准费率具体标准或下调费率等措施压减过多结存，促进基金结存回归正常水平。实行地市级统筹、省级统筹的地区，基金累计结存规模分别低于9个月、6个月左右平均支付水平的，可通过加大扩面和基金征缴力度、适时调整行业基准费率具体标准或上浮费率等措施，确保基金安全可持续运行和各项工伤保险待遇支付。

4.3.2 明确制定培训项目申报流程

【相关条款】

省级人社部门要会同有关部门制定培训项目申报指引和格式文本,为各方规范、精准、便捷申报项目提供支持。

【条款详解】

本条的主要内容是:明确有关部门应制定培训项目申报指引和格式文本的保障措施。

问题1:工伤预防培训操办有哪些建议和要求?

工伤预防培训操办的形式要有创新、有效果,操办的流程要具备科学性并可重复,培训内容要突出重点,经费预算要符合标准。

《人力资源社会保障部关于进一步做好工伤预防试点工作的通知》(人社部发〔2013〕32号)中对试点城市的工伤预防活动项目的操办进行了如下要求:

(1)实行项目管理

试点城市可通过电视、广播、报纸、网络、手机等媒体,通过印发宣传画、手册、标语等方式开展工伤预防宣传;通过举办培训班、专题讲座等方式开展工伤预防培训。宣传、培训工作的开展要实行项目预算管理,严禁直接提取预防费用。

(2)突出工作重点

试点城市应将工伤事故及职业病发生率高的重点行业、重点企业、重点岗位、重点人员优先作为宣传、培训对象,注重宣传、培训实效。

（3）规范工作程序

试点城市社会保险行政部门应按规定，组织落实项目的确定、方案编制、政府采购、实施、验收、评估等工作，进一步细化各环节工作流程，确保试点工作规范、有序开展。

问题2：工伤预防相关项目的实施流程是什么？

一般的项目实施流程为项目启动、项目规划、项目进行、项目监控、项目收尾。

《人力资源社会保障部关于进一步做好工伤预防试点工作的通知》（人社部发〔2013〕32号）中对扩大试点内容中的项目流程做出以下建议：

（1）项目确定

试点城市社会保险行政部门会同社会保险经办机构，根据工伤发生情况和工伤保险工作需要，确定下一年度工伤预防的具体实施项目，编制项目实施方案。

（2）项目的组织实施

试点城市社会保险行政部门应参照政府采购法规定的程序，从具备相应资质的社会、经济组织中选择提供具体服务的组织；社会保险经办机构受社会保险行政部门委托与选定的组织签订合同，明确双方的权利和义务。

（3）实施项目的社会、经济组织应具备的基本条件

1）依法登记注册，从事相关宣传、培训业务3年以上并具有良好市场信誉；

2）有足够数量的可承担实施工伤预防宣传、培训项目任务的专业人员；

3）有相应的硬件设施和技术手段；

4）具备相应的资质；

5）依法应具备的其他条件。

（4）项目验收

项目完成，由社会保险行政部门组织验收。

 小资料

克拉玛依市人民政府于2020年6月发布的《市应急管理局关于加强和规范安全生产培训考核工作的通知》（克应急发〔2020〕6号）中，对培训计划申报做出如下要求：

（1）培训机构在开展培训前7个工作日向市考试分中心递交安全培训计划报备表、课程表、安全生产培训教师考核合格证。

（2）市考试分中心对培训机构递交的安全生产培训计划报备表、课程表、安全生产培训教师考核合格证进行审查，对于审批不合格的培训计划及时反馈培训机构，明确需补正的材料内容及时限，培训机构在3个工作日内完成"全国安全培训考试信息管理平台"申报备案工作。

（3）培训机构将审批同意的安全生产培训计划报备表、课程表、安全生产培训教师考核合格证存档。

（4）培训机构必须严格按批准的培训计划组织培训。

考试计划申请流程：

（1）培训结束后，提前3个工作日向市考试分中心递交安全生产考试计划申请表。

（2）市考试分中心收到培训机构申报的安全生产考试计划申请表后，依据培训计划审批意见，在3个工作日内将考试计划派发到考试点，并安排选定巡考员、监考员、考评员。

（3）考试点接到考试分中心派发的考试计划后，打印准考证，并在考试前2个工作日发放准考证。

4.3.3 加强基金监管，严格落实项目验收评估制度

【相关条款】

要加强基金监管，确保工伤预防费依法合规支出和使用，严格落实项目验收评估制度，防止弄虚作假，坚决杜绝形式主义、官僚主义。

【条款详解】

本条的主要内容是：明确加强基金监管，确保工伤预防费依法合规支出和使用，严格落实项目验收评估制度的保障措施。

问题1：如何监督工伤保险基金、工伤预防费的使用情况？

工伤保险基金、工伤预防费的使用受到国务院财政部门、社会保险行政部门、审计机关以及全国人民的监督，它的支出、使用、安全状态信息是公开透明的。

《工伤保险条例》第五十一条规定，社会保险行政部门依法对工伤保险费的征缴和工伤保险基金的支付情况进行监督检查。财政部门和审计机关依法对工伤保险基金的收支、管理情况进行

监督。

《工伤预防费使用管理暂行办法》第三条规定，工伤预防费使用管理工作由统筹地区人力资源社会保障行政部门会同财政、卫生计生、安全监管行政部门按照各自职责做好相关工作。

第十三条规定，社会保险经办机构要定期向社会公布工伤预防项目实施情况和工伤预防费用使用情况，接受参保单位和社会各界的监督。

《社会保险法》第七十条规定，社会保险经办机构应当定期向社会公布参加社会保险情况以及社会保险基金的收入、支出、结余和收益情况。

第七十一条规定，国家设立全国社会保障基金，由中央财政预算拨款以及国务院批准的其他方式筹集的资金构成，用于社会保障支出的补充、调剂。全国社会保障基金由全国社会保障基金管理运营机构负责管理运营，在保证安全的前提下实现保值增值。全国社会保障基金应当定期向社会公布收支、管理和投资运营的情况。国务院财政部门、社会保险行政部门、审计机关对全国社会保障基金的收支、管理和投资运营情况实施监督。

问题2：社会保障基金的收支、管理和投资运营情况监督审计原则是什么？

社会保障基金的监督和审计是保障基金支出和使用合法合规以及确保督促基金的花费在适宜的项目上的最重要方式。

《社会保险审计暂行规定》第三条规定，各级劳动行政部门负责对本级社会保险基金经办机构和劳动就业服务机构的审计监督。

上级社会保险基金经办机构负责对下级社会保险基金经办机

构的审计监督，上级劳动就业服务机构负责对下级劳动就业服务机构的审计监督。

地方各级社会保险基金经办机构、劳动就业服务机构和系统统筹部门的社会保险基金经办机构，负责本地区、本部门管理范围内用人单位的社会保险审计事项。

第十条规定，本规定第三条第一、第二款中的审计监督包含以下内容：

（1）社会保险基金和管理服务费预算的执行情况和决算；

（2）各项社会保险基金的核定、收缴、支付、上解、下拨、储存、调剂及管理服务费和其他专项经费的提取、使用、上解、下拨；

（3）社会保险基金运营的经济效益；

（4）购置固定资产的资金来源、使用、保管及工程预决算的情况；

（5）国家财经法纪的执行情况和其他有关经济活动及会计行为的合法性；

（6）上级社会保险基金经办机构和劳动就业服务机构交办的以及国家审计机关委托的审计事项。

问题3：项目验收评估标准是什么？

项目验收评估是项目监督以及收尾的工作内容，需要认真对待，是对项目的施行进行总结以及反思，并对今后开展的项目提供参考和需要注意之处。评估最好要对过程和结果、效果做量化的考评以及记录。

例如，《烟台市工伤预防项目评估管理办法（试行）》第九条规定，对工伤预防项目实施情况的评估包括：

（1）通过电视、广播等媒体播放工伤预防专题节目、公益宣传片的，评估播放频道、栏目、次数、时段、时长等；

（2）通过公交、出租车等移动媒体播放工伤预防宣传片或通过车体广告进行工伤预防宣传的，评估播放次数、时长和广告版面、期限等；

（3）通过在报纸等平面媒体登载工伤预防宣传教育专栏的，评估在平面媒体登载的宣传内容、版面、期数等；

（4）通过印制、购买工伤预防宣传品、宣传册的，评估宣传品和宣传册的印刷和发放数量等；

（5）通过建设工伤预防网站或微信公众号的，评估定期推送工伤保险政策、典型案例以及安全生产相关知识的内容、次数等；

（6）通过举办培训班、培训会、专题讲座等方式组织实施工伤预防培训活动的，评估培训内容、教材、方式、课时等，同时采取问卷调查的方式对培训效果满意率进行评估。

第十条规定，对工伤预防项目绩效目标完成情况的评估包括：

（1）政策宣传效果主要评估电视收视率、广播收听率、报刊发行量、宣传品发放量、网络点击率等数据；

（2）教育培训效果主要评估培训行业分布、培训企业数量、培训人员数量、问卷调查满意率等数据；

（3）抽样调查用人单位参保职工对工伤保险政策和工伤预防知识的了解情况等，抽样调查样本根据工伤预防实施方案，按培训人员数量的5%~8%的标准实施抽样。

 **小资料**

《职业病防治法》对建设项目的职业病防护设施相关项目的处理要求是：把所需费用应当纳入建设项目工程预算，并与主体工程同时设计、同时施工、同时投入生产和使用。建设项目的职业病防护设施设计应当符合国家职业卫生标准和卫生要求。其中，医疗机构放射性职业病危害严重的建设项目的防护设施设计，应当经卫生行政部门审查同意后，方可施工。建设项目在竣工验收前，建设单位应当进行职业病危害控制效果评价。医疗机构可能产生放射性职业病危害的建设项目竣工验收时，其放射性职业病防护设施经卫生行政部门验收合格后，方可投入使用；其他建设项目的职业病防护设施应当由建设单位负责依法组织验收，验收合格后，方可投入生产和使用。卫生行政部门应当加强对建设单位组织的验收活动和验收结果的监督核查。

4.4 建立长效机制

4.4.1 落实长效机制，推动工伤预防工作"三化"

【相关条款】

各地要结合当地实际，健全抓落实长效机制，杜绝一阵风一刀切，推动工伤预防工作日常化、规范化、机制化。

【条款详解】

本条的主要内容是：明确落实长效机制，推动工伤预防工作"三化"（即日常化、规范化、机制化）的保障措施。

问题1：建立长效机制从宏观上有什么益处？

建立长效机制有利于建立一个更坚实的劳动者保护墙，工伤预防及其监督工作不应作为一种形式化的、一次性的、没有弹性的工作。不能让任何一位本该受到保护的企业职工因为政策的漏洞或监管的低效而暴露于更大的工伤风险中。

以建筑业为例，《人力资源社会保障部办公厅关于进一步做好建筑业工伤保险工作的通知》（人社厅函〔2017〕53号）中提出，要进一步强化督查通报，夯实项目参保长效工作机制：实践证明，督查、通报是推进项目参保工作的有效抓手，也是建立健全项目参保长效工作机制的关键措施。各地要进一步发挥督查对推进项目参保工作的作用，突出加强对工作进度慢、参保率回落较大地区的督查。

对于类似建筑业这样工人流动更新速度较快的行业，工伤预防工作容易产生漏洞或不能全面保护全部职工，所以工伤预防的监督工作机制需要建设成在时间上更加灵活和稳定高效的可延续长效机制。

问题2：如何建立工伤预防长效机制？

建立工伤预防长效机制需要从制度入手、从管理结构入手、从劳动者本身入手、从劳动者实际所处环境入手、从对预防保护方法的落实与监测入手。

以农民工尘肺病预防为例，《关于加强农民工尘肺病防治工作的意见》(国卫疾控发〔2016〕2号)对农民工尘肺病防治提出以下意见:用人单位要建立健全粉尘防治规章制度和责任制,落实粉尘防治主体责任。要建立健全粉尘防治管理机构,配备专职管理人员,负责粉尘防治日常管理工作。严格执行建设项目防尘设施"三同时",确保新建设项目粉尘防护设施齐全有效。按照要求开展工作场所粉尘日常监测和定期检测,加强防尘设施设备维护管理,配备合格有效的个人粉尘防护用品。

问题3:在监督工作中如何建立长效机制?

为保证工伤预防工作的整体结构完整,工伤预防监督工作也需要建立长效机制,从而进一步确保工伤预防工作的有效落实。

以职业病诊断鉴定单位为例,《卫生部关于进一步加强职业病诊断与鉴定管理工作的通知》(卫监督发〔2009〕82号)中对进一步规范职业健康监护和职业病诊断鉴定工作做出如下具体要求:地方各级卫生行政部门要立即组织开展对职业病诊断机构和职业健康检查机构的全面监督检查,摸清底数,查找问题,督促整改,并切实加强职业卫生技术服务机构的日常监督管理。对日常监督检查或者年度考核不合格的机构,要责令限期改正;对逾期不改正或者经检查仍不合格的,要注销其资格。对存在严重不负责任、徇私舞弊、失职渎职等违法违规行为的要依法严肃处理,决不姑息。

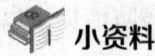 小资料

《浙江省人力资源和社会保障厅关于创建工伤预防常态化工作机制的指导意见》中认为工伤预防是工伤保险制度的应有之义，也是安全生产工作的重要组成部分，必须常抓不懈，不能丝毫放松。浙江省推行"工伤预防三年行动计划"以来，工伤人数逐年减少，工伤发生率逐年降低，工伤保险费率明显下降，工伤预防工作取得初步成效。但是，浙江省工伤事故多发的现象仍未得到实质性改变，工伤预防工作面临的形势依然严峻。为进一步降低工伤发生率，建立科学、规范的工伤预防工作模式，形成工伤预防常态化工作机制，现提出如下意见：

（1）建立基础数据分析比对机制，做到"一期一分析"

定期分析当地工伤认定鉴定、待遇支付等基础数据，梳理当地工伤相对聚集的行业、企业、工种、岗位、人群等信息。实现与应急管理等部门数据共享，确定当地当期工伤预防重点工作对象。

（2）建立工伤隐患排查整改机制，做到"一事一排查"

结合分析比对结果，因地制宜明确重点排查范围，要求企业进行专项排查整改，严格执行"四个不放过"（事故原因未查清不放过、责任人员未处理不放过、责任人和职工未受教育不放过、整改措施未落实不放过），吸取教训并举一反三。

（3）建立示范引领和奖惩激励机制，做到"一地一标杆"

树立工伤预防工作先进典型,增强工作引导力度;运用经济杠杆和奖惩措施,增强企业履行主体责任自觉性;聚焦工伤频发高发、整治不力等企业,采取约谈、警示、曝光等措施,营造良好工伤预防工作社会氛围。

(4)建立工作沟通信息交流机制,做到"一区一平台"

构建工伤预防工作平台,普及工伤预防科学知识、宣传工伤预防政策业务、交流工伤预防工作经验、解决工伤预防工作难题,增强企业履行主体责任的能力,提高企业履行主体责任的水平。

4.4.2 保持政策稳定,确保工作连续

【相关条款】

要发扬钉钉子精神,以五年为一个周期,坚持一张蓝图绘到底,保持政策稳定性和工作连续性,一年一年干下去,一期一期干下去,久久为功,常抓不懈,推动工伤预防工作不断取得新的成效。

【条款详解】

本条的主要内容是:明确工伤预防的工作行动计划以五年为周期,相关单位要将工伤预防工作常态化开展的保障措施。

问题1:钉钉子精神在工伤预防工作中体现在哪里?

为了切实把工伤预防这颗钉子结结实实地钉入社会保障的蓝图中,需要各方人员积极配合,对已经发现的具体问题做到力求最优解的态度。也就是说要持之以恒的朝一个方向使力,而且要

保持"手握钉锤"的状态,随时准备下一次的"锤击"。钉钉子精神还体现在要维持政策的稳定,不要一套政策还没有落实就又有新的想法,就像钉钉子不能东一锤头西一棒子地乱敲。政策不稳定必将造成很多规则内容与发展建议无法成功地落到实处,也就是什么具体的成就也无法达成。

问题2:面对工伤预防工作中已经取得的成效应该采取哪种态度?

在各方共同努力下,工伤预防工作已经取得了一定的进展,多地的事故发生总量有降低趋势,原本不重视工伤预防的单位也进一步提高了安全意识。对于这些进步要保持谦逊的态度,并从中看到美好未来的希望。各方相关人员更要积极地参与工作,不要满足于当下所做出的成绩,要面向未来,久久为功,期待工伤预防工作的新成效。

小资料

> 2020年4月28日,国务院新闻办就《全国安全生产专项整治三年行动计划》举行发布会。三年专项整治的内容主要分2个专题和9个行业领域专项。2个专题包括:一是学习贯彻习近平总书记关于安全生产重要论述,重点解决思想认知不足、安全发展理念不牢、抓落实上有很大差距等问题;二是落实企业安全生产主体责任,主动推动解决安全生产责任和管理制度不落实等突出问题。9个专项是指聚焦风险高隐患多、事故易发多发的煤矿、非煤矿山、危险化学品、消防、

道路运输、民航铁路等交通运输、工业园区、城市建设、危险废物等9个行业领域,组织开展安全整治。同时,明确对其他行业领域,相关部门也要结合实际情况开展专项治理。

三年专项整治分四个阶段进行。一是2020年4月份为动员部署阶段。各地区、各有关部门和中央企业制定实施方案,对开展专项整治三年行动作出具体安排。二是2020年5月至12月为排查整治阶段。主要是建立问题隐患和制度措施"两个清单",坚持边查边改、立查立改,加快推进实施,整治工作取得初步成效。三是2021年为集中攻坚阶段。整治工作中动态更新"两个清单",针对重点难点问题加大攻坚力度,推动建立健全安全隐患排查和安全预防控制体系,整治工作取得明显成效。四是2022年为巩固提升阶段。针对专项整治中发现的共性问题和突出矛盾,梳理法规标准、政策措施层面需要建立健全、补充完善的具体制度,逐项推动落实,形成一批制度成果。特别是要全面总结三年专项整治工作,着力将党的十八大以来安全生产重要理论和实践创新转化为法规制度,健全长效机制,形成一套较为成熟定型的安全生产制度体系,扎实推进安全生产治理体系和治理能力现代化。

附录：

工伤预防五年行动计划（2021—2025年）

一、总体要求

以习近平新时代中国特色社会主义思想为指导，全面贯彻党的十九大和十九届二中、三中、四中、五中全会精神，坚持以人民为中心的发展思想，适应推进国家治理体系和治理能力现代化要求，完善"预防、康复、补偿"三位一体制度体系，把工伤预防作为工伤保险优先事项，采取一切适当的手段组织推进，切实提升工伤预防意识和能力，促进劳动者实现稳定就业，促进经济社会持续健康发展。

二、工作目标

——工伤事故发生率明显下降，重点行业5年降低20%左右；

——工作场所劳动条件不断改善，切实降低尘肺病等职业病的发生率；

——工伤预防意识和能力明显提升，实现从"要我预防"到"我要预防""我会预防"的转变。

三、主要任务

（一）牢固树立预防优先的工作理念。深入学习贯彻习近平总书记关于"人民至上、生命至上"的重要指示精神，始终把人民群众生命安全和身体健康放在第一位，把减少事故伤害和职业病危害作为工伤预防的根本出发点和落脚点，从源头上防止工伤事故发生，切实保障劳动者的生命安全和身体健康。

（二）建立完善工伤预防联防联控机制。各地人社部门要与应急管理部门、卫生健康部门、工会和行业主管部门建立联席会议制度，明确职责分工，加强协调联动，加强联合检查，督促用人单位认真落实工伤预防主体责任。要建立完善信息交换、数据共享机制，实现人员信息、事故信息、职业病信息和涉及安全生产事故和职业病的工伤信息等相关数据共享，及时对各类安全隐患、工伤事故苗头性问题和职业病危害因素浓（强）度超标现象综合运用法律、行政、经济手段重点治理，提出限期整改建议。对未按规定落实主体责任、未及时整改的用人单位及其主要负责人，相关部门应依据安全生产法和职业病防治法严肃处理。对有代表性或典型性的工伤事故，相关部门要在全国范围内进行通报，努力避免类似事故重复发生。

（三）瞄住盯紧工伤预防重点行业。各地要加强对工伤预防相关数据的分析，定期研究本地区工伤事故和职业病危害的现状及变化情况，研究确定工伤预防重点领域，依法确定重点项目。本期计划主要围绕工伤事故和职业病高发的危险化学品、矿山、建筑施工、交通运输、机械制造等重点行业企业开展。各地可结合实际明确本地区重点行业、重点领域。

（四）全面加强工伤预防宣传。充分发挥主流媒体和新媒体作用，充分发挥各部门和有关行业企业的宣传作用，抓住重点时段、重要节点、重大事件开展有针对性宣传。要从关注关爱职工群众生命安全和职业健康的视角，运用影音视频、图标图解、典型案例、身边工伤事件等群众易于接受、感染力强的形式，宣传职业病防治、安全生产、交通事故防范、心脑血管疾病防治等方面的知识，不断提高职工群众的工伤预防意识和自我保护意识。鼓励工伤事故和职业病高发易发企业设立工伤预防警示教育基地。

（五）深入推进工伤预防培训。实施重点行业重点企业工伤预防（安全生产、职业病防治）能力提升培训工程，重点培训重点行业重点企业分管负责人、安全管理部门主要负责人和一线班组长等重点岗位人员，2025年底前实现上述人员培训全覆盖。技工院校要全面开设工伤预防课程，将安全生产、职业病防治与工伤预防的政策法规、安全生产事故与工伤事故防范知识、工伤事故与职业病警示教育等内容作为工伤预防培训必修内容。鼓励各地采取线上培训和线下培训相结合方式，更加注重发挥线上培训的作用。

（六）科学进行工伤保险费率浮动。各地要在依据行业工伤风险程度确定行业基准费率基础上，充分发挥浮动费率的激励和约束作用，促进用人单位主动做好工伤预防，减少工伤事故和职业病的发生。为更好评估用人单位工伤风险趋势，更全面考察用人单位风险管理效果，鼓励各地结合实际，以3年为一个周期进行费率浮动。

（七）大力开展互联网＋工伤预防。充分发挥信息化、大数据、人工智能在工伤预防方面的作用，一体化推进工伤预防信息共享、在线培训、考核评估，普及工伤预防科学知识、宣传工伤预防政策、开展工伤预防线上培训、强化工伤事故警示教育。人力资源社会保障部将建立基于云架构的工伤预防综合性平台，加强对工伤预防工作的指导和服务。各省级人社部门可会同相关部门推荐资质合法、信誉良好、服务优质的在线培训平台，供地方有关部门、大中型企业等依法自主选用。

（八）积极推进工伤预防专业化、职业化建设。支持有条件、有能力的第三方专业技术服务机构积极参与工伤预防工作，建立长效服务机制。鼓励有能力的大中型企业发挥示范作用，带领同行业中小微企业开展工伤预防工作。建立工伤预防专家库，遴选工伤预防、安全生产、职业卫生等方面的专家，负责工伤预防立项评审、宣传培训、问题诊断、措施制定、评估验收等专业技术相关工作。

（九）切实加强对工伤预防工作的考核监督。将工伤预防工作开展情况纳入对省级政府安全生产目标责任考核内容，促进提高工伤预防工作的实效。加强对工伤预防项目事前、事中、事后全过程监管，按照项目进展安排全程检查、全程跟踪、全程问效。大力推广工伤预防先进典型、先进做法，营造工伤预防正能量。

四、保障措施

（一）加强组织领导。工伤预防是一项系统性工程，也是一项民心工程。人社、财政、应急管理、卫生健康及行业主管部门要切实负起责任，落实安全生产职业卫生法律法规规定的各项职责，负责各自领域工伤预防项目的实施和监管。工会组织要切实发挥好监督作用，督促企业落实工伤预防主体责任，切实维护好职工合法权益。人社部门要充分发挥牵头部门作用，发挥好部门联动工作机制作用，及时召开联席会议，研究解决工作推进中的问题。

（二）勇于创新发展。各地要坚持问题导向、目标导向、效果导向，完善工伤预防工作体系、政策体系、标准体系，加强统计分析，推动解决工伤预防重点难点问题。要建立示范引领和奖惩激励机制，加大工作引导力度，增强用人单位履行主体责任自觉性。要探索建立工伤预防培训机构和线上培训平台推荐清单制度，严把培训实施机构条件关。要坚持大处着眼、细处着手，探索创建一批可操作、可监管、可评价、可推广的工伤预防工作模式。

（三）强化经费保障。各地要认真落实《工伤保险条例》和《工伤预防费使用管理暂行办法》规定，按要求编制工伤预防项目预算，保证工伤预防工作经费，为开展工伤预防工作提供有力支撑。省级人社部门要会同有关部门制定培训项目申报指引和格式文本，为各方规范、精准、便捷申报项目提供支持。要加强基金监管，确保工伤预防费依法合规支出和使用，严格落实项目验收评估制度，防止弄虚作假，坚决杜绝形式主义、官僚主义。

（四）建立长效机制。各地要结合当地实际，健全抓落实长效机制，杜绝一阵风一刀切，推动工伤预防工作日常化、规范化、机制化。要发扬钉钉子精神，以五年为一个周期，坚持一张蓝图绘到底，保持政策稳定性和工作连续性，一年一年干下去，一期一期干下去，久久为功，常抓不懈，推动工伤预防工作不断取得新的成效。